1일10분 초등 **메가** 계산력

KB087798

12권
초등 **6**학년

자기 주도 학습력을 기르는 1일 10분 공부 습관!

☑ 공부가 쉬워지는 힘, 자기 주도 학습력!

자기 주도 학습력은 스스로 학습을 계획하고, 계획한 대로 실행하고, 결과를 평가하는 과정에서 향상됩니다.
이 과정을 매일 반복하여 훈련하다 보면 주체적인 학습이 가능해지며 이는 곧 공부 자신감으로 연결됩니다.

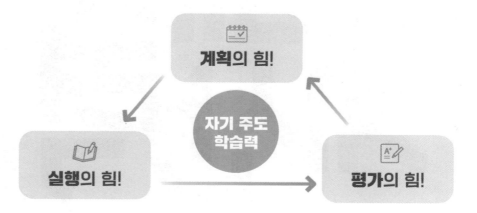

☑ 1일 10분 시리즈의 3단계 학습 로드맵

〈1일 10분〉 시리즈는 계획, 실행, 평가하는 3단계 학습 로드맵으로 자기 주도 학습력을 향상시킵니다.
또한 1일 10분씩 꾸준히 학습할 수 있는 **부담 없는 학습량**으로 매일매일 공부 습관이 형성됩니다.

① 단계 학습 계획하기	② 단계 학습 실행하기	③ 단계 결과 평가하기

주 단위로 학습 목표를 확인하고 학습할 날짜를 스스로 계획하는 과정에서 자기 주도 학습력이 향상됩니다.

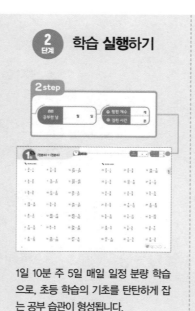

1일 10분 주 5일 매일 일정 분량 학습으로, 초등 학습의 기초를 탄탄하게 잡는 공부 습관이 형성됩니다.

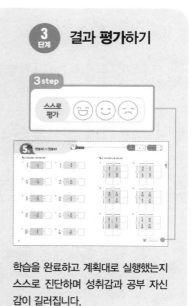

학습을 완료하고 계획대로 실행했는지 스스로 진단하며 성취감과 공부 자신감이 길러집니다.

구성과 특징

핵심 개념

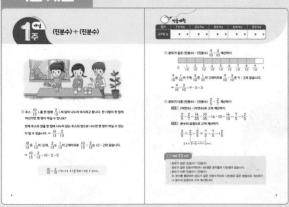

➕ 교과서 개념을 바탕으로 연산 원리를 쉽고 재미있게 이해할 수 있습니다.

연산 연습과 반복

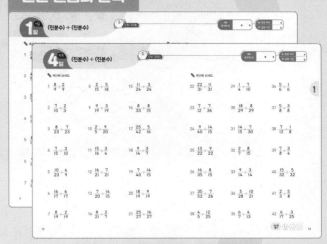

➕ 1일 10분 매일 공부하는 습관으로 연산 실력을 키울 수 있습니다.

연산 응용 학습

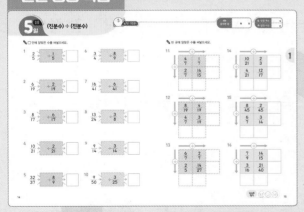

➕ 생각하며 푸는 연산으로 계산 원리를 완벽하게 이해할 수 있습니다.

생각 수학

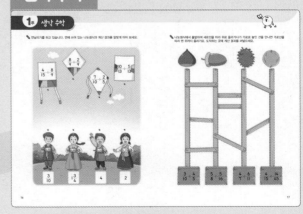

➕ 한 주 동안 공부한 연산을 활용한 문제로 수학적 사고력과 창의력을 키울 수 있습니다.

(진분수) ÷ (진분수)

✅ 주스 $\frac{10}{13}$ L를 한 컵에 $\frac{2}{13}$ L씩 담아 나누어 마시려고 합니다. 한 사람이 한 컵씩 마신다면 몇 명이 마실 수 있나요?

전체 주스의 양을 한 컵에 나누어 담는 주스의 양으로 나누면 몇 명이 마실 수 있는지 알 수 있습니다. ➡ $\frac{10}{13} \div \frac{2}{13}$

$\frac{10}{13}$ 은 $\frac{1}{13}$ 이 10개, $\frac{2}{13}$ 는 $\frac{1}{13}$ 이 2개이므로 $\frac{10}{13} \div \frac{2}{13}$ 는 10 ÷ 2와 같습니다.

➡ $\frac{10}{13} \div \frac{2}{13} = 10 \div 2 = 5$

$\frac{10}{13} \div \frac{2}{13} = 5$ 이므로 주스를 5명이 마실 수 있어요.

✅ 분모가 같은 (진분수)÷(진분수) $\dfrac{9}{10} \div \dfrac{3}{10}$ 계산하기

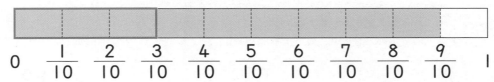

$$0 \quad \dfrac{1}{10} \quad \dfrac{2}{10} \quad \dfrac{3}{10} \quad \dfrac{4}{10} \quad \dfrac{5}{10} \quad \dfrac{6}{10} \quad \dfrac{7}{10} \quad \dfrac{8}{10} \quad \dfrac{9}{10} \quad 1$$

$\dfrac{9}{10}$는 $\dfrac{1}{10}$이 9개, $\dfrac{3}{10}$은 $\dfrac{1}{10}$이 3개이므로 $\dfrac{9}{10} \div \dfrac{3}{10}$은 $9 \div 3$과 같습니다.

➡ $\dfrac{9}{10} \div \dfrac{3}{10} = 9 \div 3 = 3$

✅ 분모가 다른 (진분수)÷(진분수) $\dfrac{2}{5} \div \dfrac{2}{7}$ 계산하기

방법 1 (자연수)÷(자연수)로 고쳐 계산하기

$$\dfrac{2}{5} \div \dfrac{2}{7} = \dfrac{14}{35} \div \dfrac{10}{35} = 14 \div 10 = \dfrac{14}{10} = \dfrac{7}{5} = 1\dfrac{2}{5}$$

방법 2 분수의 곱셈으로 고쳐 계산하기

$$\dfrac{2}{5} \div \dfrac{2}{7} = \dfrac{2}{5} \times \dfrac{7}{2} = \dfrac{7}{5} = 1\dfrac{2}{5}$$

분모와 분자를 바꾸어 곱해요.

📓 개념 쏙쏙 노트

• 분모가 같은 (진분수)÷(진분수)
  분모가 같은 진분수끼리의 나눗셈은 분자들의 나눗셈과 같습니다.
• 분모가 다른 (진분수)÷(진분수)
  두 분수를 통분하여 분모가 같은 진분수끼리의 나눗셈과 같은 방법으로 계산하거나 분수의 곱셈으로 고쳐 계산합니다.

(진분수) ÷ (진분수)

✏️ 계산해 보세요.

1 $\dfrac{3}{4} \div \dfrac{1}{4}$

2 $\dfrac{4}{5} \div \dfrac{2}{5}$

3 $\dfrac{6}{7} \div \dfrac{3}{7}$

4 $\dfrac{15}{19} \div \dfrac{3}{19}$

5 $\dfrac{8}{11} \div \dfrac{2}{11}$

6 $\dfrac{9}{13} \div \dfrac{3}{13}$

7 $\dfrac{8}{15} \div \dfrac{2}{15}$

8 $\dfrac{7}{8} \div \dfrac{5}{8}$

9 $\dfrac{5}{17} \div \dfrac{2}{17}$

10 $\dfrac{11}{13} \div \dfrac{2}{13}$

11 $\dfrac{5}{9} \div \dfrac{3}{9}$

12 $\dfrac{35}{48} \div \dfrac{17}{48}$

13 $\dfrac{6}{7} \div \dfrac{4}{7}$

14 $\dfrac{16}{23} \div \dfrac{7}{23}$

15 $\dfrac{21}{29} \div \dfrac{3}{29}$

16 $\dfrac{22}{37} \div \dfrac{10}{37}$

17 $\dfrac{16}{21} \div \dfrac{4}{21}$

18 $\dfrac{14}{37} \div \dfrac{3}{37}$

19 $\dfrac{25}{42} \div \dfrac{5}{42}$

20 $\dfrac{24}{25} \div \dfrac{8}{25}$

21 $\dfrac{29}{41} \div \dfrac{6}{41}$

✏️ 계산해 보세요.

22　$\dfrac{2}{3} \div \dfrac{1}{4}$

23　$\dfrac{1}{2} \div \dfrac{5}{6}$

24　$\dfrac{3}{4} \div \dfrac{3}{8}$

25　$\dfrac{3}{7} \div \dfrac{5}{9}$

26　$\dfrac{5}{8} \div \dfrac{3}{10}$

27　$\dfrac{8}{15} \div \dfrac{4}{7}$

28　$\dfrac{10}{11} \div \dfrac{4}{33}$

29　$\dfrac{2}{5} \div \dfrac{3}{8}$

30　$\dfrac{13}{15} \div \dfrac{9}{10}$

31　$\dfrac{3}{5} \div \dfrac{5}{8}$

32　$\dfrac{9}{16} \div \dfrac{5}{12}$

33　$\dfrac{7}{9} \div \dfrac{11}{12}$

34　$\dfrac{7}{8} \div \dfrac{4}{5}$

35　$\dfrac{7}{13} \div \dfrac{5}{6}$

36　$\dfrac{14}{25} \div \dfrac{7}{10}$

37　$\dfrac{7}{8} \div \dfrac{7}{12}$

38　$\dfrac{5}{7} \div \dfrac{5}{14}$

39　$\dfrac{3}{10} \div \dfrac{8}{15}$

40　$\dfrac{4}{9} \div \dfrac{10}{13}$

41　$\dfrac{3}{8} \div \dfrac{9}{11}$

42　$\dfrac{9}{10} \div \dfrac{3}{5}$

스스로 평가　😄 🙂 ☹️

✏️ 계산해 보세요.

1 $\dfrac{10}{17} \div \dfrac{2}{17}$

8 $\dfrac{7}{11} \div \dfrac{4}{11}$

15 $\dfrac{12}{17} \div \dfrac{9}{17}$

2 $\dfrac{9}{14} \div \dfrac{3}{14}$

9 $\dfrac{14}{23} \div \dfrac{8}{23}$

16 $\dfrac{32}{35} \div \dfrac{8}{35}$

3 $\dfrac{20}{29} \div \dfrac{4}{29}$

10 $\dfrac{8}{15} \div \dfrac{7}{15}$

17 $\dfrac{16}{19} \div \dfrac{2}{19}$

4 $\dfrac{25}{27} \div \dfrac{5}{27}$

11 $\dfrac{11}{13} \div \dfrac{2}{13}$

18 $\dfrac{24}{25} \div \dfrac{7}{25}$

5 $\dfrac{6}{19} \div \dfrac{2}{19}$

12 $\dfrac{9}{16} \div \dfrac{5}{16}$

19 $\dfrac{36}{41} \div \dfrac{32}{41}$

6 $\dfrac{16}{31} \div \dfrac{8}{31}$

13 $\dfrac{10}{21} \div \dfrac{4}{21}$

20 $\dfrac{2}{13} \div \dfrac{12}{13}$

7 $\dfrac{8}{13} \div \dfrac{2}{13}$

14 $\dfrac{13}{20} \div \dfrac{7}{20}$

21 $\dfrac{28}{37} \div \dfrac{24}{37}$

✏️ 계산해 보세요.

22 $\dfrac{2}{3} \div \dfrac{1}{18}$

23 $\dfrac{3}{16} \div \dfrac{1}{6}$

24 $\dfrac{5}{7} \div \dfrac{11}{12}$

25 $\dfrac{5}{8} \div \dfrac{15}{16}$

26 $\dfrac{9}{10} \div \dfrac{6}{25}$

27 $\dfrac{7}{20} \div \dfrac{14}{15}$

28 $\dfrac{21}{40} \div \dfrac{3}{20}$

29 $\dfrac{7}{16} \div \dfrac{3}{8}$

30 $\dfrac{15}{16} \div \dfrac{3}{10}$

31 $\dfrac{6}{7} \div \dfrac{2}{9}$

32 $\dfrac{17}{18} \div \dfrac{4}{9}$

33 $\dfrac{2}{3} \div \dfrac{4}{5}$

34 $\dfrac{6}{7} \div \dfrac{3}{28}$

35 $\dfrac{5}{9} \div \dfrac{5}{18}$

36 $\dfrac{5}{8} \div \dfrac{7}{12}$

37 $\dfrac{3}{14} \div \dfrac{3}{10}$

38 $\dfrac{9}{11} \div \dfrac{3}{5}$

39 $\dfrac{11}{12} \div \dfrac{3}{8}$

40 $\dfrac{7}{13} \div \dfrac{2}{3}$

41 $\dfrac{17}{18} \div \dfrac{3}{4}$

42 $\dfrac{7}{20} \div \dfrac{4}{5}$

(진분수) ÷ (진분수)

도전! 20분!

✏️ 계산해 보세요.

1 $\dfrac{4}{9} \div \dfrac{1}{9}$

2 $\dfrac{10}{13} \div \dfrac{2}{13}$

3 $\dfrac{7}{8} \div \dfrac{3}{8}$

4 $\dfrac{3}{8} \div \dfrac{4}{5}$

5 $\dfrac{8}{9} \div \dfrac{2}{3}$

6 $\dfrac{6}{7} \div \dfrac{2}{7}$

7 $\dfrac{7}{10} \div \dfrac{2}{5}$

8 $\dfrac{10}{11} \div \dfrac{5}{11}$

9 $\dfrac{12}{23} \div \dfrac{5}{23}$

10 $\dfrac{6}{7} \div \dfrac{3}{28}$

11 $\dfrac{14}{15} \div \dfrac{7}{8}$

12 $\dfrac{9}{16} \div \dfrac{3}{16}$

13 $\dfrac{5}{22} \div \dfrac{7}{10}$

14 $\dfrac{12}{13} \div \dfrac{6}{13}$

15 $\dfrac{25}{48} \div \dfrac{5}{12}$

16 $\dfrac{13}{14} \div \dfrac{7}{14}$

17 $\dfrac{7}{9} \div \dfrac{3}{5}$

18 $\dfrac{28}{33} \div \dfrac{10}{33}$

19 $\dfrac{7}{24} \div \dfrac{14}{15}$

20 $\dfrac{11}{18} \div \dfrac{11}{12}$

21 $\dfrac{24}{25} \div \dfrac{6}{25}$

✏️ 계산해 보세요.

22 $\dfrac{2}{3} \div \dfrac{1}{7}$

23 $\dfrac{16}{21} \div \dfrac{7}{9}$

24 $\dfrac{10}{13} \div \dfrac{25}{26}$

25 $\dfrac{35}{41} \div \dfrac{14}{41}$

26 $\dfrac{21}{32} \div \dfrac{9}{32}$

27 $\dfrac{49}{50} \div \dfrac{7}{10}$

28 $\dfrac{19}{30} \div \dfrac{11}{15}$

29 $\dfrac{4}{9} \div \dfrac{4}{15}$

30 $\dfrac{2}{7} \div \dfrac{5}{21}$

31 $\dfrac{8}{21} \div \dfrac{3}{4}$

32 $\dfrac{15}{17} \div \dfrac{3}{17}$

33 $\dfrac{18}{19} \div \dfrac{4}{19}$

34 $\dfrac{25}{27} \div \dfrac{5}{27}$

35 $\dfrac{14}{23} \div \dfrac{7}{8}$

36 $\dfrac{9}{14} \div \dfrac{3}{14}$

37 $\dfrac{16}{25} \div \dfrac{4}{25}$

38 $\dfrac{2}{3} \div \dfrac{5}{7}$

39 $\dfrac{3}{5} \div \dfrac{6}{7}$

40 $\dfrac{2}{3} \div \dfrac{3}{8}$

41 $\dfrac{8}{9} \div \dfrac{7}{12}$

42 $\dfrac{7}{6} \div \dfrac{9}{13}$

1주

스스로 평가 😄 🙂 ☹️

✏️ 계산해 보세요.

1 $\dfrac{8}{9} \div \dfrac{2}{9}$

2 $\dfrac{7}{10} \div \dfrac{2}{3}$

3 $\dfrac{8}{23} \div \dfrac{7}{23}$

4 $\dfrac{7}{15} \div \dfrac{3}{10}$

5 $\dfrac{10}{23} \div \dfrac{4}{9}$

6 $\dfrac{16}{17} \div \dfrac{6}{17}$

7 $\dfrac{8}{19} \div \dfrac{2}{19}$

8 $\dfrac{2}{15} \div \dfrac{5}{18}$

9 $\dfrac{9}{19} \div \dfrac{3}{19}$

10 $\dfrac{2}{5} \div \dfrac{9}{20}$

11 $\dfrac{15}{16} \div \dfrac{3}{4}$

12 $\dfrac{16}{21} \div \dfrac{7}{21}$

13 $\dfrac{7}{20} \div \dfrac{14}{15}$

14 $\dfrac{8}{21} \div \dfrac{2}{7}$

15 $\dfrac{11}{24} \div \dfrac{3}{24}$

16 $\dfrac{8}{33} \div \dfrac{8}{15}$

17 $\dfrac{25}{42} \div \dfrac{5}{16}$

18 $\dfrac{9}{14} \div \dfrac{3}{7}$

19 $\dfrac{7}{40} \div \dfrac{14}{15}$

20 $\dfrac{18}{19} \div \dfrac{9}{19}$

21 $\dfrac{25}{27} \div \dfrac{16}{27}$

✏️ 계산해 보세요.

22   $\dfrac{22}{31} \div \dfrac{11}{31}$

23   $\dfrac{7}{12} \div \dfrac{7}{36}$

24   $\dfrac{9}{40} \div \dfrac{14}{15}$

25   $\dfrac{13}{22} \div \dfrac{9}{22}$

26   $\dfrac{16}{35} \div \dfrac{8}{15}$

27   $\dfrac{35}{52} \div \dfrac{7}{26}$

28   $\dfrac{4}{5} \div \dfrac{12}{25}$

29   $\dfrac{1}{4} \div \dfrac{7}{10}$

30   $\dfrac{18}{29} \div \dfrac{8}{29}$

31   $\dfrac{14}{15} \div \dfrac{7}{30}$

32   $\dfrac{2}{7} \div \dfrac{8}{15}$

33   $\dfrac{9}{14} \div \dfrac{3}{14}$

34   $\dfrac{5}{28} \div \dfrac{10}{21}$

35   $\dfrac{6}{7} \div \dfrac{4}{13}$

36   $\dfrac{5}{6} \div \dfrac{1}{6}$

37   $\dfrac{5}{8} \div \dfrac{3}{8}$

38   $\dfrac{7}{12} \div \dfrac{1}{8}$

39   $\dfrac{7}{8} \div \dfrac{3}{4}$

40   $\dfrac{15}{32} \div \dfrac{5}{32}$

41   $\dfrac{2}{3} \div \dfrac{5}{8}$

42   $\dfrac{6}{17} \div \dfrac{3}{25}$

(진분수) ÷ (진분수)

✏️ □ 안에 알맞은 수를 써넣으세요.

1 $\dfrac{2}{5}$ → $÷\dfrac{1}{5}$ → □

2 $\dfrac{6}{19}$ → $÷\dfrac{2}{19}$ → □

3 $\dfrac{8}{17}$ → $÷\dfrac{6}{17}$ → □

4 $\dfrac{10}{21}$ → $÷\dfrac{2}{21}$ → □

5 $\dfrac{32}{37}$ → $÷\dfrac{8}{9}$ → □

6 $\dfrac{3}{4}$ → $÷\dfrac{8}{9}$ → □

7 $\dfrac{16}{41}$ → $÷\dfrac{6}{41}$ → □

8 $\dfrac{13}{24}$ → $÷\dfrac{3}{8}$ → □

9 $\dfrac{9}{14}$ → $÷\dfrac{3}{14}$ → □

10 $\dfrac{9}{50}$ → $÷\dfrac{3}{25}$ → □

✏️ 빈 곳에 알맞은 수를 써넣으세요.

11

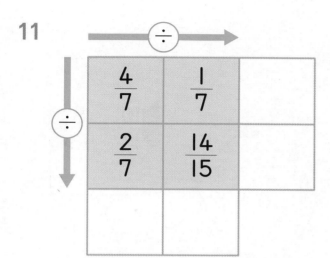

14

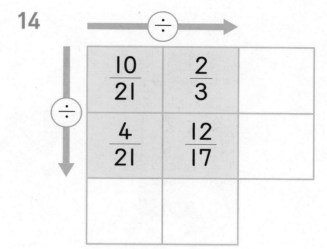

12

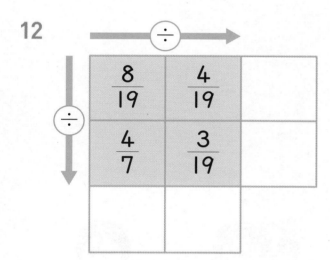

15

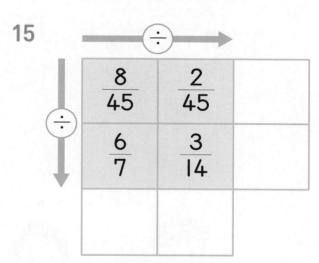

13

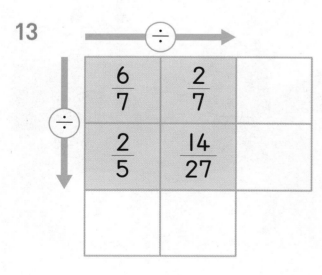

16

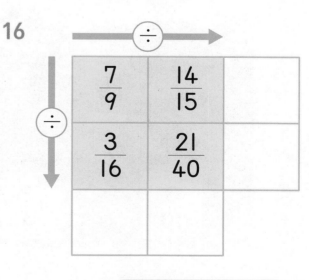

✏️ 연날리기를 하고 있습니다. 연에 쓰여 있는 나눗셈식과 계산 결과를 알맞게 이어 보세요.

나눗셈식에서 출발하여 세로선을 따라 위로 올라가다가 가로로 놓인 선을 만나면 가로선을 따라 맨 위까지 올라가요. 도착하는 곳에 계산 결과를 써넣으세요.

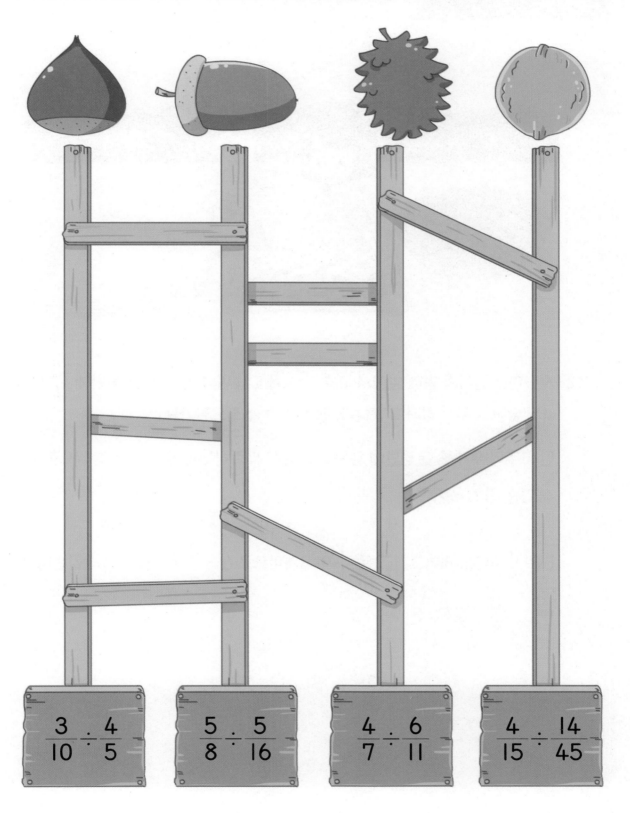

$$\frac{3}{10} \div \frac{4}{5}$$

$$\frac{5}{8} \div \frac{5}{16}$$

$$\frac{4}{7} \div \frac{6}{11}$$

$$\frac{4}{15} \div \frac{14}{45}$$

(자연수) ÷ (분수)

✅ 지형이는 엄마와 함께 밭에서 고추 6 kg을 땄습니다. 딴 고추를 쟁반에 $\frac{3}{4}$ kg씩 나눠 담아 모두 말리려고 합니다. 쟁반은 몇 개 필요한가요?

딴 고추의 무게를 한 쟁반에 담는 고추의 무게로 나누면 쟁반이 몇 개 필요한지 알 수 있습니다. ➡ $6 \div \frac{3}{4}$

6은 $\frac{1}{4}$이 24개이고, $\frac{3}{4}$은 $\frac{1}{4}$이 3개이므로 $6 \div \frac{3}{4}$은 $24 \div 3$과 같습니다.

➡ $6 \div \frac{3}{4} = 24 \div 3 = 8$

$6 \div \frac{3}{4} = 8$이므로 쟁반은 8개 필요해요.

☑ **(자연수)÷(진분수)**

· $5 \div \dfrac{4}{7}$ 계산하기

방법 1 (자연수)÷(자연수)로 고쳐 계산하기

$$5 \div \dfrac{4}{7} = \dfrac{35}{7} \div \dfrac{4}{7} = 35 \div 4 = \dfrac{35}{4} = 8\dfrac{3}{4}$$

방법 2 분수의 곱셈으로 고쳐 계산하기

$$5 \div \dfrac{4}{7} = 5 \times \dfrac{7}{4} = \dfrac{35}{4} = 8\dfrac{3}{4}$$

> 계산 결과가
> 가분수이면
> 대분수로 나타내요.

☑ **(자연수)÷(가분수)**

· $10 \div \dfrac{4}{3}$ 의 계산

방법 1 (자연수)÷(자연수)로 고쳐 계산하기

$$10 \div \dfrac{4}{3} = \dfrac{30}{3} \div \dfrac{4}{3} = 30 \div 4 = \dfrac{\overset{15}{\cancel{30}}}{\underset{2}{\cancel{4}}} = \dfrac{15}{2} = 7\dfrac{1}{2}$$

방법 2 분수의 곱셈으로 고쳐 계산하기

$$10 \div \dfrac{4}{3} = \overset{5}{10} \times \dfrac{3}{\underset{2}{\cancel{4}}} = \dfrac{15}{2} = 7\dfrac{1}{2}$$

> 약분이 되면 약분을 해요.

📓 **개념 쏙쏙 노트**

· (자연수)÷(분수)
자연수를 나누는 수의 분모와 같은 가분수로 고친 후 분자끼리 나누거나 나누는
분수의 분모와 분자를 바꾸어 곱합니다.

✏️ 계산해 보세요.

1 $2 \div \dfrac{1}{3}$

2 $4 \div \dfrac{1}{6}$

3 $5 \div \dfrac{2}{3}$

4 $9 \div \dfrac{9}{2}$

5 $23 \div \dfrac{3}{4}$

6 $16 \div \dfrac{4}{5}$

7 $25 \div \dfrac{5}{3}$

8 $3 \div \dfrac{24}{7}$

9 $42 \div \dfrac{6}{7}$

10 $13 \div \dfrac{5}{2}$

11 $81 \div \dfrac{9}{14}$

12 $15 \div \dfrac{1}{3}$

13 $16 \div \dfrac{8}{3}$

14 $80 \div \dfrac{16}{5}$

15 $21 \div \dfrac{15}{8}$

16 $24 \div \dfrac{16}{3}$

17 $32 \div \dfrac{16}{25}$

18 $36 \div \dfrac{8}{7}$

19 $110 \div \dfrac{5}{2}$

20 $10 \div \dfrac{20}{9}$

21 $24 \div \dfrac{12}{13}$

✏️ 계산해 보세요.

22 $15 \div \dfrac{21}{8}$

23 $96 \div \dfrac{32}{25}$

24 $81 \div \dfrac{36}{5}$

25 $20 \div \dfrac{6}{7}$

26 $26 \div \dfrac{8}{9}$

27 $24 \div \dfrac{16}{11}$

28 $12 \div \dfrac{32}{13}$

29 $19 \div \dfrac{1}{4}$

30 $3 \div \dfrac{3}{5}$

31 $25 \div \dfrac{7}{6}$

32 $24 \div \dfrac{5}{3}$

33 $9 \div \dfrac{27}{2}$

34 $51 \div \dfrac{17}{3}$

35 $120 \div \dfrac{4}{5}$

36 $26 \div \dfrac{2}{3}$

37 $88 \div \dfrac{1}{2}$

38 $30 \div \dfrac{6}{5}$

39 $4 \div \dfrac{24}{25}$

40 $90 \div \dfrac{2}{3}$

41 $45 \div \dfrac{15}{4}$

42 $60 \div \dfrac{1}{2}$

도전! 20분!

✏️ 계산해 보세요.

1 $21 \div \dfrac{6}{7}$

2 $8 \div \dfrac{2}{3}$

3 $52 \div \dfrac{13}{5}$

4 $15 \div \dfrac{2}{3}$

5 $6 \div \dfrac{1}{4}$

6 $90 \div \dfrac{9}{5}$

7 $54 \div \dfrac{4}{5}$

8 $40 \div \dfrac{5}{8}$

9 $15 \div \dfrac{15}{13}$

10 $6 \div \dfrac{24}{23}$

11 $9 \div \dfrac{1}{3}$

12 $35 \div \dfrac{7}{18}$

13 $5 \div \dfrac{9}{2}$

14 $21 \div \dfrac{6}{5}$

15 $4 \div \dfrac{12}{17}$

16 $12 \div \dfrac{5}{6}$

17 $18 \div \dfrac{15}{4}$

18 $24 \div \dfrac{16}{7}$

19 $12 \div \dfrac{30}{13}$

20 $8 \div \dfrac{16}{7}$

21 $3 \div \dfrac{5}{9}$

✏️ 계산해 보세요.

22　$10 \div \dfrac{25}{28}$

23　$15 \div \dfrac{20}{9}$

24　$25 \div \dfrac{35}{12}$

25　$7 \div \dfrac{5}{2}$

26　$32 \div \dfrac{24}{7}$

27　$28 \div \dfrac{49}{16}$

28　$30 \div \dfrac{15}{23}$

29　$16 \div \dfrac{1}{4}$

30　$27 \div \dfrac{9}{2}$

31　$31 \div \dfrac{4}{3}$

32　$91 \div \dfrac{13}{5}$

33　$25 \div \dfrac{2}{5}$

34　$4 \div \dfrac{16}{9}$

35　$72 \div \dfrac{3}{2}$

36　$45 \div \dfrac{7}{3}$

37　$34 \div \dfrac{17}{2}$

38　$49 \div \dfrac{7}{9}$

39　$12 \div \dfrac{24}{7}$

40　$180 \div \dfrac{9}{2}$

41　$15 \div \dfrac{30}{7}$

42　$19 \div \dfrac{1}{5}$

✏️ 계산해 보세요.

1 $18 \div \dfrac{3}{4}$

2 $9 \div \dfrac{1}{6}$

3 $35 \div \dfrac{7}{5}$

4 $40 \div \dfrac{7}{3}$

5 $63 \div \dfrac{21}{5}$

6 $10 \div \dfrac{25}{3}$

7 $32 \div \dfrac{12}{23}$

8 $17 \div \dfrac{1}{5}$

9 $5 \div \dfrac{3}{2}$

10 $70 \div \dfrac{25}{6}$

11 $19 \div \dfrac{3}{4}$

12 $49 \div \dfrac{1}{2}$

13 $54 \div \dfrac{16}{3}$

14 $65 \div \dfrac{13}{14}$

15 $19 \div \dfrac{38}{3}$

16 $28 \div \dfrac{56}{15}$

17 $36 \div \dfrac{18}{17}$

18 $30 \div \dfrac{40}{11}$

19 $42 \div \dfrac{21}{25}$

20 $24 \div \dfrac{20}{7}$

21 $74 \div \dfrac{37}{35}$

✏️ 계산해 보세요.

22 $16 \div \dfrac{68}{15}$

23 $12 \div \dfrac{9}{5}$

24 $18 \div \dfrac{15}{26}$

25 $21 \div \dfrac{27}{4}$

26 $34 \div \dfrac{17}{23}$

27 $66 \div \dfrac{55}{12}$

28 $50 \div \dfrac{15}{13}$

29 $26 \div \dfrac{5}{2}$

30 $44 \div \dfrac{11}{12}$

31 $6 \div \dfrac{4}{3}$

32 $50 \div \dfrac{25}{2}$

33 $9 \div \dfrac{2}{3}$

34 $25 \div \dfrac{15}{14}$

35 $42 \div \dfrac{1}{3}$

36 $19 \div \dfrac{3}{4}$

37 $64 \div \dfrac{8}{3}$

38 $7 \div \dfrac{14}{9}$

39 $55 \div \dfrac{1}{2}$

40 $9 \div \dfrac{5}{2}$

41 $77 \div \dfrac{7}{11}$

42 $63 \div \dfrac{9}{2}$

(자연수) ÷ (분수)

✏️ 계산해 보세요.

1   $31 \div \dfrac{1}{2}$

2   $72 \div \dfrac{9}{4}$

3   $14 \div \dfrac{7}{3}$

4   $5 \div \dfrac{16}{5}$

5   $40 \div \dfrac{5}{8}$

6   $6 \div \dfrac{13}{2}$

7   $49 \div \dfrac{7}{8}$

8   $63 \div \dfrac{90}{7}$

9   $12 \div \dfrac{1}{4}$

10   $78 \div \dfrac{3}{5}$

11   $24 \div \dfrac{4}{3}$

12   $8 \div \dfrac{5}{6}$

13   $7 \div \dfrac{2}{7}$

14   $60 \div \dfrac{3}{4}$

15   $20 \div \dfrac{28}{29}$

16   $18 \div \dfrac{27}{8}$

17   $16 \div \dfrac{32}{13}$

18   $12 \div \dfrac{6}{5}$

19   $42 \div \dfrac{48}{11}$

20   $25 \div \dfrac{40}{17}$

21   $35 \div \dfrac{5}{12}$

✏️ 계산해 보세요.

22 $34 \div \dfrac{8}{9}$

23 $25 \div \dfrac{15}{17}$

24 $44 \div \dfrac{11}{3}$

25 $15 \div \dfrac{30}{7}$

26 $20 \div \dfrac{5}{8}$

27 $52 \div \dfrac{13}{12}$

28 $30 \div \dfrac{60}{29}$

29 $17 \div \dfrac{3}{2}$

30 $25 \div \dfrac{5}{2}$

31 $69 \div \dfrac{23}{15}$

32 $8 \div \dfrac{3}{2}$

33 $40 \div \dfrac{5}{8}$

34 $21 \div \dfrac{4}{5}$

35 $61 \div \dfrac{1}{3}$

36 $7 \div \dfrac{6}{5}$

37 $19 \div \dfrac{2}{3}$

38 $65 \div \dfrac{13}{5}$

39 $9 \div \dfrac{7}{3}$

40 $21 \div \dfrac{1}{2}$

41 $15 \div \dfrac{9}{2}$

42 $8 \div \dfrac{2}{3}$

2주

✏️ 빈 곳에 알맞은 수를 써넣으세요.

1

$÷\dfrac{2}{3}$

4 →

2

$÷\dfrac{1}{2}$

35 →

3

$÷\dfrac{3}{4}$

16 →

4

$÷\dfrac{3}{13}$

9 →

5

$÷\dfrac{5}{4}$

6 →

6

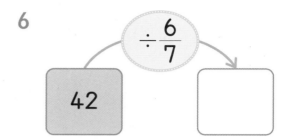

$÷\dfrac{6}{7}$

42 →

7

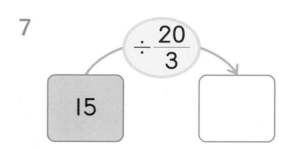

$÷\dfrac{20}{3}$

15 →

8

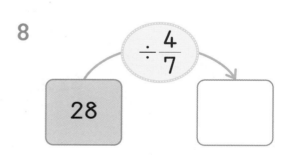

$÷\dfrac{4}{7}$

28 →

9

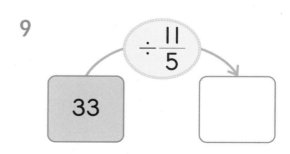

$÷\dfrac{11}{5}$

33 →

10

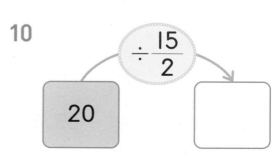

$÷\dfrac{15}{2}$

20 →

✏️ 빈 곳에 알맞은 수를 써넣으세요.

2
주

11 | 6 | $\div \dfrac{4}{5}$ | |

16 | 15 | $\div \dfrac{2}{7}$ | |

12 | 72 | $\div \dfrac{2}{3}$ | |

17 | 9 | $\div \dfrac{3}{2}$ | |

13 | 25 | $\div \dfrac{16}{5}$ | |

18 | 51 | $\div \dfrac{17}{2}$ | |

14 | 90 | $\div \dfrac{1}{4}$ | |

19 | 16 | $\div \dfrac{24}{25}$ | |

15 | 64 | $\div \dfrac{8}{3}$ | |

20 | 22 | $\div \dfrac{44}{3}$ | |

스스로
평가    😊 🙂 😞

29

✎ 몫이 자연수인 나눗셈식이 달려 있는 원숭이에게 바나나를 주려고 합니다. 바나나를 먹을 수 있는 원숭이를 찾아 ○표 하세요.

출발 지점에서부터 시작하여 계산 결과가 맞으면 ──▶를, 틀리면 ──▶를 따라갔을 때 가질 수 있는 것에 ○표 하세요.

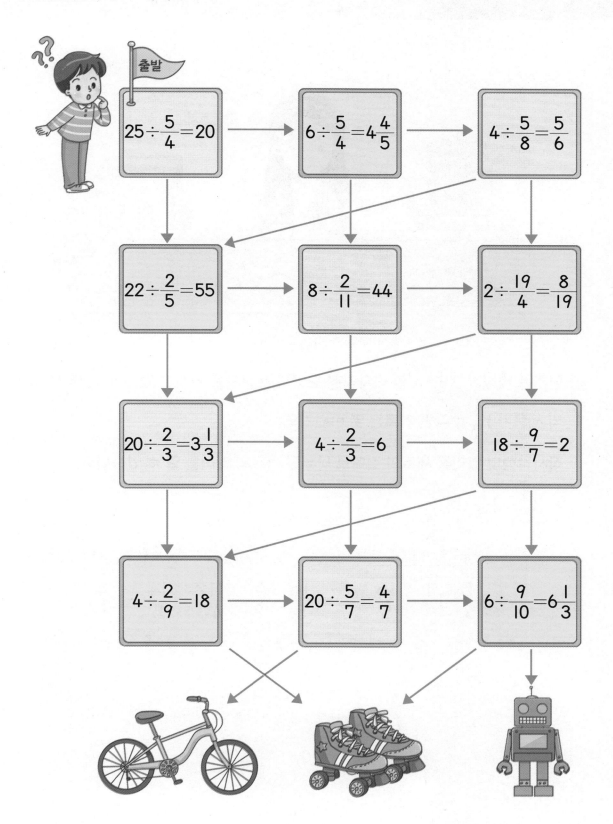

$$25 \div \frac{5}{4} = 20$$

$$6 \div \frac{5}{4} = 4\frac{4}{5}$$

$$4 \div \frac{5}{8} = \frac{5}{6}$$

$$22 \div \frac{2}{5} = 55$$

$$8 \div \frac{2}{11} = 44$$

$$2 \div \frac{19}{4} = \frac{8}{19}$$

$$20 \div \frac{2}{3} = 3\frac{1}{3}$$

$$4 \div \frac{2}{3} = 6$$

$$18 \div \frac{9}{7} = 2$$

$$4 \div \frac{2}{9} = 18$$

$$20 \div \frac{5}{7} = \frac{4}{7}$$

$$6 \div \frac{9}{10} = 6\frac{1}{3}$$

(대분수) ÷ (대분수)

$1\frac{1}{7}$ m

✅ 민주는 넓이가 $3\frac{1}{5}$ m²인 직사각형 모양의 포장지를 가지고 있습니다. 이 포장지의 세로가 $1\frac{1}{7}$ m라면 가로는 몇 m인가요?

직사각형의 넓이를 세로의 길이로 나누면 가로의 길이를 알 수 있습니다.

➡ $3\frac{1}{5} \div 1\frac{1}{7}$

대분수를 가분수로 고쳐요.
계산 결과에서 약분을 해요.

$$3\frac{1}{5} \div 1\frac{1}{7} = \frac{16}{5} \div \frac{8}{7} = \frac{16}{5} \times \frac{7}{8} = \frac{\overset{14}{\cancel{112}}}{\underset{5}{\cancel{40}}} = \frac{14}{5} = 2\frac{4}{5}$$

분수의 곱셈으로 고쳐요.
가분수를 대분수로 나타내요.

$3\frac{1}{5} \div 1\frac{1}{7} = 2\frac{4}{5}$ 이므로 포장지의 가로는 $2\frac{4}{5}$ m예요.

학습계획

일차	1일학습	2일학습	3일학습	4일학습	5일학습
공부할 날	월 일	월 일	월 일	월 일	월 일

◎ **(대분수)÷(대분수)** $2\dfrac{2}{3} \div 1\dfrac{1}{5}$ 계산하기

방법 1 계산 마지막 부분에서 약분하여 계산하기

$$2\frac{2}{3} \div 1\frac{1}{5} = \frac{8}{3} \div \frac{6}{5} = \frac{8}{3} \times \frac{5}{6} = \frac{\overset{20}{\cancel{40}}}{\underset{9}{\cancel{18}}} = \frac{20}{9} = 2\frac{2}{9}$$

방법 2 계산 중간 과정에서 약분하여 계산하기

$$2\frac{2}{3} \div 1\frac{1}{5} = \frac{8}{3} \div \frac{6}{5} = \frac{\overset{4}{\cancel{8}}}{3} \times \frac{5}{\underset{3}{\cancel{6}}} = \frac{20}{9} = 2\frac{2}{9}$$

◎ **(대분수)÷(가분수)** $2\dfrac{1}{2} \div \dfrac{5}{4}$ 계산하기

방법 1 계산 마지막 부분에서 약분하여 계산하기

$$2\frac{1}{2} \div \frac{5}{4} = \frac{5}{2} \div \frac{5}{4} = \frac{5}{2} \times \frac{4}{5} = \frac{\overset{2}{\cancel{20}}}{\underset{1}{\cancel{10}}} = 2$$

방법 2 계산 중간 과정에서 약분하여 계산하기

$$2\frac{1}{2} \div \frac{5}{4} = \frac{5}{2} \div \frac{5}{4} = \frac{\overset{1}{\cancel{5}}}{\underset{1}{\cancel{2}}} \times \frac{\overset{2}{\cancel{4}}}{\underset{1}{\cancel{5}}} = 2$$

📒 개념 쏙쏙 노트

• (대분수)÷(대분수), (대분수)÷(가분수)
 ① 대분수를 가분수로 나타냅니다.
 ② 나누는 분수의 분모와 분자를 바꾸어 곱합니다.
 ③ 계산 중간 과정에서 약분을 할 수 있으면 약분을 하는 것이 더 편리합니다.
 ④ 계산 결과가 가분수이면 대분수로 나타냅니다.

도전! 22분!

✏️ 계산해 보세요.

1 $1\dfrac{3}{4} \div \dfrac{2}{3}$

2 $2\dfrac{2}{9} \div \dfrac{4}{5}$

3 $7\dfrac{1}{5} \div \dfrac{9}{11}$

4 $\dfrac{5}{6} \div 9\dfrac{3}{4}$

5 $\dfrac{7}{4} \div 2\dfrac{1}{3}$

6 $6\dfrac{2}{3} \div \dfrac{4}{5}$

7 $\dfrac{5}{9} \div 1\dfrac{1}{24}$

8 $\dfrac{5}{7} \div 3\dfrac{1}{2}$

9 $3\dfrac{1}{3} \div \dfrac{15}{8}$

10 $2\dfrac{1}{10} \div \dfrac{7}{8}$

11 $\dfrac{3}{4} \div 1\dfrac{5}{9}$

12 $\dfrac{11}{13} \div 1\dfrac{3}{19}$

13 $4\dfrac{2}{5} \div \dfrac{11}{12}$

14 $8\dfrac{1}{3} \div \dfrac{5}{24}$

15 $2\dfrac{1}{3} \div \dfrac{1}{5}$

16 $\dfrac{11}{12} \div 1\dfrac{5}{6}$

17 $2\dfrac{5}{8} \div \dfrac{7}{4}$

18 $3\dfrac{5}{7} \div \dfrac{13}{3}$

19 $3\dfrac{1}{8} \div \dfrac{5}{12}$

20 $4\dfrac{3}{4} \div \dfrac{3}{8}$

21 $3\dfrac{2}{3} \div \dfrac{11}{12}$

✏️ 계산해 보세요.

22 $4\dfrac{2}{5} \div 3\dfrac{2}{3}$

29 $3\dfrac{3}{8} \div 3\dfrac{3}{5}$

36 $2\dfrac{1}{4} \div \dfrac{3}{10}$

23 $2\dfrac{2}{3} \div 1\dfrac{1}{5}$

30 $4\dfrac{2}{5} \div 1\dfrac{2}{15}$

37 $3\dfrac{3}{8} \div \dfrac{9}{14}$

24 $10\dfrac{2}{3} \div 1\dfrac{3}{5}$

31 $6\dfrac{4}{7} \div 2\dfrac{3}{4}$

38 $\dfrac{18}{25} \div 2\dfrac{1}{7}$

25 $3\dfrac{1}{4} \div 1\dfrac{1}{2}$

32 $1\dfrac{1}{9} \div 2\dfrac{2}{3}$

39 $2\dfrac{1}{7} \div 1\dfrac{1}{14}$

26 $4\dfrac{4}{5} \div 2\dfrac{2}{15}$

33 $5\dfrac{2}{5} \div 1\dfrac{3}{10}$

40 $3\dfrac{3}{10} \div 6\dfrac{3}{5}$

27 $1\dfrac{5}{7} \div 2\dfrac{2}{3}$

34 $7\dfrac{1}{7} \div 6\dfrac{2}{3}$

41 $5\dfrac{2}{5} \div 2\dfrac{4}{25}$

28 $6\dfrac{3}{10} \div 3\dfrac{4}{15}$

35 $8\dfrac{2}{5} \div 2\dfrac{2}{15}$

42 $7\dfrac{3}{4} \div 1\dfrac{11}{20}$

도전! 22분!

✏️ 계산해 보세요.

1 $1\dfrac{2}{3} \div \dfrac{3}{4}$

8 $2\dfrac{4}{7} \div \dfrac{6}{13}$

15 $\dfrac{3}{4} \div 1\dfrac{1}{6}$

2 $\dfrac{4}{9} \div 2\dfrac{2}{3}$

9 $\dfrac{5}{8} \div 9\dfrac{2}{7}$

16 $3\dfrac{3}{4} \div \dfrac{5}{14}$

3 $7\dfrac{1}{2} \div 1\dfrac{3}{4}$

10 $6\dfrac{2}{3} \div \dfrac{5}{4}$

17 $\dfrac{5}{6} \div 3\dfrac{1}{7}$

4 $3\dfrac{4}{5} \div \dfrac{3}{10}$

11 $\dfrac{7}{13} \div 2\dfrac{1}{10}$

18 $1\dfrac{1}{2} \div \dfrac{2}{7}$

5 $\dfrac{8}{21} \div 2\dfrac{2}{7}$

12 $\dfrac{22}{9} \div 3\dfrac{2}{3}$

19 $5\dfrac{5}{6} \div \dfrac{25}{9}$

6 $3\dfrac{2}{7} \div \dfrac{23}{14}$

13 $5\dfrac{2}{5} \div \dfrac{9}{16}$

20 $\dfrac{2}{9} \div 4\dfrac{2}{3}$

7 $\dfrac{24}{5} \div 2\dfrac{2}{11}$

14 $2\dfrac{4}{7} \div \dfrac{12}{5}$

21 $\dfrac{9}{4} \div 2\dfrac{1}{7}$

✏️ 계산해 보세요.

22 $2\dfrac{5}{8} \div \dfrac{7}{10}$

23 $\dfrac{5}{11} \div 3\dfrac{2}{3}$

24 $1\dfrac{3}{4} \div 2\dfrac{3}{5}$

25 $3\dfrac{1}{6} \div 6\dfrac{2}{3}$

26 $8\dfrac{4}{7} \div 3\dfrac{3}{4}$

27 $7\dfrac{7}{9} \div 1\dfrac{17}{18}$

28 $4\dfrac{1}{12} \div 3\dfrac{1}{2}$

29 $1\dfrac{5}{16} \div 2\dfrac{1}{4}$

30 $1\dfrac{13}{17} \div 1\dfrac{7}{13}$

31 $1\dfrac{7}{18} \div 1\dfrac{1}{9}$

32 $6\dfrac{3}{4} \div 1\dfrac{1}{2}$

33 $8\dfrac{6}{7} \div 2\dfrac{3}{14}$

34 $1\dfrac{5}{6} \div 2\dfrac{5}{12}$

35 $3\dfrac{3}{5} \div 2\dfrac{1}{2}$

36 $2\dfrac{3}{14} \div 1\dfrac{1}{7}$

37 $4\dfrac{2}{3} \div 2\dfrac{2}{5}$

38 $9\dfrac{1}{4} \div 1\dfrac{1}{2}$

39 $6\dfrac{2}{7} \div 2\dfrac{1}{14}$

40 $5\dfrac{5}{9} \div 3\dfrac{1}{3}$

41 $7\dfrac{3}{4} \div 2\dfrac{1}{2}$

42 $9\dfrac{1}{6} \div 3\dfrac{1}{3}$

3
주

도전! 22분!

✏️ 계산해 보세요.

1 $\dfrac{8}{9} \div 1\dfrac{2}{3}$

2 $5\dfrac{4}{5} \div 2\dfrac{2}{7}$

3 $4\dfrac{2}{3} \div 1\dfrac{1}{9}$

4 $6\dfrac{7}{8} \div 2\dfrac{1}{6}$

5 $\dfrac{4}{13} \div 1\dfrac{12}{13}$

6 $5\dfrac{5}{8} \div \dfrac{18}{7}$

7 $6\dfrac{3}{8} \div 3\dfrac{3}{4}$

8 $1\dfrac{1}{9} \div 4\dfrac{1}{3}$

9 $3\dfrac{5}{12} \div \dfrac{13}{6}$

10 $4\dfrac{4}{7} \div 2\dfrac{2}{3}$

11 $2\dfrac{2}{5} \div 1\dfrac{1}{10}$

12 $1\dfrac{10}{21} \div 1\dfrac{3}{7}$

13 $4\dfrac{1}{9} \div \dfrac{2}{3}$

14 $2\dfrac{1}{6} \div 1\dfrac{2}{3}$

15 $4\dfrac{2}{5} \div \dfrac{11}{12}$

16 $\dfrac{1}{4} \div 2\dfrac{1}{3}$

17 $2\dfrac{5}{9} \div 1\dfrac{2}{21}$

18 $2\dfrac{3}{7} \div \dfrac{5}{8}$

19 $\dfrac{49}{9} \div 3\dfrac{6}{5}$

20 $7\dfrac{1}{3} \div 5\dfrac{1}{2}$

21 $9\dfrac{3}{5} \div 1\dfrac{1}{15}$

✏ 계산해 보세요.

22 $3\dfrac{3}{5} \div \dfrac{3}{10}$

23 $5\dfrac{5}{12} \div \dfrac{13}{3}$

24 $2\dfrac{9}{20} \div 1\dfrac{11}{45}$

25 $6\dfrac{2}{7} \div 3\dfrac{2}{3}$

26 $8\dfrac{3}{4} \div 2\dfrac{11}{12}$

27 $\dfrac{2}{7} \div 2\dfrac{2}{9}$

28 $9\dfrac{3}{8} \div 1\dfrac{9}{16}$

29 $\dfrac{5}{6} \div 1\dfrac{1}{4}$

30 $3\dfrac{2}{7} \div 2\dfrac{10}{21}$

31 $\dfrac{7}{6} \div 2\dfrac{3}{5}$

32 $7\dfrac{4}{9} \div 4\dfrac{2}{3}$

33 $9\dfrac{1}{4} \div \dfrac{37}{40}$

34 $\dfrac{2}{9} \div 1\dfrac{1}{18}$

35 $6\dfrac{5}{8} \div 4\dfrac{5}{16}$

36 $5\dfrac{2}{3} \div 2\dfrac{1}{6}$

37 $4\dfrac{1}{9} \div 3\dfrac{2}{3}$

38 $3\dfrac{1}{7} \div \dfrac{11}{21}$

39 $1\dfrac{5}{28} \div 1\dfrac{4}{7}$

40 $\dfrac{16}{7} \div 1\dfrac{1}{14}$

41 $7\dfrac{1}{4} \div \dfrac{5}{12}$

42 $3\dfrac{3}{4} \div 2\dfrac{2}{7}$

✏️ 계산해 보세요.

1 $\dfrac{5}{7} \div 1\dfrac{3}{14}$

2 $3\dfrac{3}{4} \div 1\dfrac{3}{17}$

3 $3\dfrac{2}{3} \div \dfrac{15}{7}$

4 $6\dfrac{4}{5} \div 2\dfrac{3}{10}$

5 $2\dfrac{1}{14} \div 3\dfrac{1}{7}$

6 $2\dfrac{1}{4} \div \dfrac{2}{3}$

7 $9\dfrac{1}{2} \div 3\dfrac{3}{4}$

8 $1\dfrac{5}{21} \div 1\dfrac{3}{7}$

9 $\dfrac{5}{9} \div 1\dfrac{5}{8}$

10 $2\dfrac{3}{14} \div 1\dfrac{2}{7}$

11 $\dfrac{27}{5} \div 4\dfrac{3}{5}$

12 $1\dfrac{8}{9} \div \dfrac{5}{18}$

13 $3\dfrac{5}{6} \div 2\dfrac{2}{3}$

14 $1\dfrac{4}{9} \div \dfrac{7}{3}$

15 $\dfrac{5}{9} \div 4\dfrac{3}{8}$

16 $4\dfrac{9}{10} \div 5\dfrac{1}{4}$

17 $9\dfrac{2}{3} \div \dfrac{17}{6}$

18 $2\dfrac{5}{14} \div 5\dfrac{1}{2}$

19 $8\dfrac{2}{5} \div 5\dfrac{5}{6}$

20 $6\dfrac{3}{11} \div 4\dfrac{3}{5}$

21 $5\dfrac{5}{6} \div \dfrac{7}{10}$

✎ 계산해 보세요.

22 $4\dfrac{3}{8} \div 3\dfrac{3}{4}$

29 $\dfrac{7}{9} \div 1\dfrac{3}{4}$

36 $3\dfrac{7}{8} \div 2\dfrac{1}{4}$

23 $7\dfrac{7}{10} \div 8\dfrac{1}{4}$

30 $3\dfrac{2}{3} \div \dfrac{7}{6}$

37 $1\dfrac{1}{18} \div 1\dfrac{2}{9}$

24 $6\dfrac{3}{10} \div 3\dfrac{4}{15}$

31 $7\dfrac{1}{8} \div 1\dfrac{3}{16}$

38 $1\dfrac{5}{12} \div \dfrac{5}{6}$

25 $9\dfrac{1}{6} \div 6\dfrac{3}{5}$

32 $4\dfrac{3}{4} \div 1\dfrac{1}{2}$

39 $2\dfrac{3}{5} \div 1\dfrac{4}{15}$

26 $\dfrac{10}{9} \div 4\dfrac{1}{6}$

33 $2\dfrac{3}{4} \div \dfrac{11}{12}$

40 $6\dfrac{3}{10} \div \dfrac{27}{5}$

27 $3\dfrac{4}{7} \div \dfrac{5}{22}$

34 $1\dfrac{2}{3} \div 2\dfrac{5}{6}$

41 $3\dfrac{4}{21} \div 2\dfrac{2}{7}$

28 $8\dfrac{3}{4} \div 5\dfrac{5}{6}$

35 $\dfrac{4}{15} \div 3\dfrac{1}{3}$

42 $4\dfrac{3}{7} \div 3\dfrac{2}{21}$

✏️ □ 안에 알맞은 수를 써넣으세요.

1 $1\dfrac{1}{2}$ → $\div \dfrac{3}{7}$ → □

2 $9\dfrac{1}{3}$ → $\div 1\dfrac{2}{9}$ → □

3 $\dfrac{7}{9}$ → $\div 1\dfrac{17}{18}$ → □

4 $2\dfrac{5}{6}$ → $\div \dfrac{11}{3}$ → □

5 $3\dfrac{3}{4}$ → $\div 1\dfrac{7}{8}$ → □

6 $6\dfrac{3}{7}$ → $\div \dfrac{5}{21}$ → □

7 $5\dfrac{9}{10}$ → $\div 4\dfrac{2}{5}$ → □

8 $7\dfrac{6}{7}$ → $\div 1\dfrac{17}{49}$ → □

9 $1\dfrac{14}{15}$ → $\div 3\dfrac{2}{3}$ → □

10 $\dfrac{11}{4}$ → $\div 3\dfrac{1}{8}$ → □

✏️ 빈 곳에 알맞은 수를 써넣으세요.

11 $\dfrac{5}{6}$ ÷ $2\dfrac{1}{7}$

12 $6\dfrac{6}{7}$ ÷ $\dfrac{10}{3}$

13 $1\dfrac{5}{18}$ ÷ $\dfrac{2}{9}$

14 $\dfrac{3}{4}$ ÷ $1\dfrac{7}{8}$

15 $3\dfrac{7}{12}$ ÷ $2\dfrac{5}{6}$

16 $\dfrac{40}{9}$ ÷ $2\dfrac{1}{3}$

17 $5\dfrac{2}{3}$ ÷ $3\dfrac{7}{9}$

18 $1\dfrac{5}{6}$ ÷ $7\dfrac{1}{3}$

19 $2\dfrac{4}{15}$ ÷ $5\dfrac{2}{3}$

20 $1\dfrac{2}{21}$ ÷ $2\dfrac{1}{7}$

3주

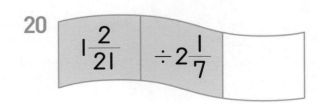

대분수가 적혀 있는 여러 장의 수 카드로 수아와 연주가 분수의 나눗셈식을 만들려고 합니다. 두 사람의 나눗셈식을 완성하고 계산해 보세요.

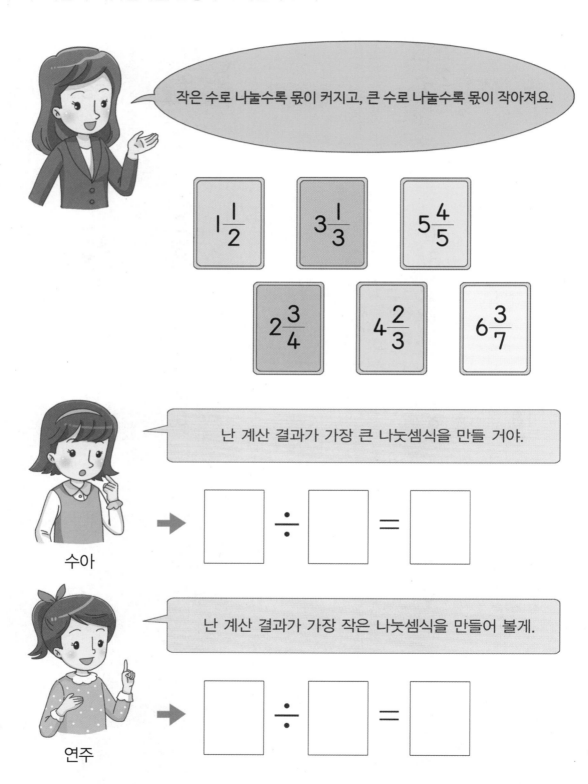

작은 수로 나눌수록 몫이 커지고, 큰 수로 나눌수록 몫이 작아져요.

$1\frac{1}{2}$ $3\frac{1}{3}$ $5\frac{4}{5}$

$2\frac{3}{4}$ $4\frac{2}{3}$ $6\frac{3}{7}$

난 계산 결과가 가장 큰 나눗셈식을 만들 거야.

수아

$\boxed{} \div \boxed{} = \boxed{}$

난 계산 결과가 가장 작은 나눗셈식을 만들어 볼게.

연주

$\boxed{} \div \boxed{} = \boxed{}$

의건이는 놀이터에 가려고 합니다. 대분수의 나눗셈을 바르게 계산한 것을 따라가며 길을 찾아보세요.

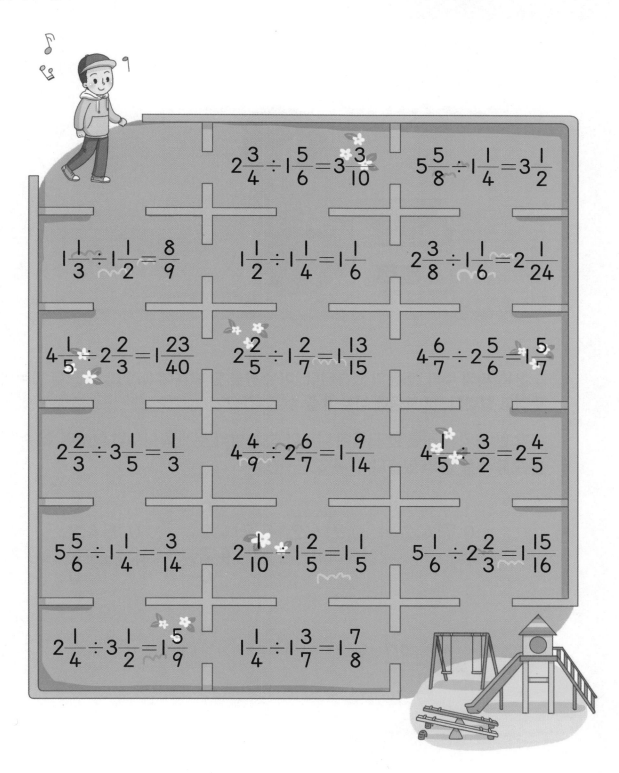

$2\dfrac{3}{4} \div 1\dfrac{5}{6} = 3\dfrac{3}{10}$

$5\dfrac{5}{8} \div 1\dfrac{1}{4} = 3\dfrac{1}{2}$

$1\dfrac{1}{3} \div 1\dfrac{1}{2} = \dfrac{8}{9}$

$1\dfrac{1}{2} \div 1\dfrac{1}{4} = 1\dfrac{1}{6}$

$2\dfrac{3}{8} \div 1\dfrac{1}{6} = 2\dfrac{1}{24}$

$4\dfrac{1}{5} \div 2\dfrac{2}{3} = 1\dfrac{23}{40}$

$2\dfrac{2}{5} \div 1\dfrac{2}{7} = 1\dfrac{13}{15}$

$4\dfrac{6}{7} \div 2\dfrac{5}{6} = 1\dfrac{5}{7}$

$2\dfrac{2}{3} \div 3\dfrac{1}{5} = \dfrac{1}{3}$

$4\dfrac{4}{9} \div 2\dfrac{6}{7} = 1\dfrac{9}{14}$

$4\dfrac{1}{5} \div \dfrac{3}{2} = 2\dfrac{4}{5}$

$5\dfrac{5}{6} \div 1\dfrac{1}{4} = \dfrac{3}{14}$

$2\dfrac{1}{10} \div 1\dfrac{2}{5} = 1\dfrac{1}{5}$

$5\dfrac{1}{6} \div 2\dfrac{2}{3} = 1\dfrac{15}{16}$

$2\dfrac{1}{4} \div 3\dfrac{1}{2} = 1\dfrac{5}{9}$

$1\dfrac{1}{4} \div 1\dfrac{3}{7} = 1\dfrac{7}{8}$

자릿수가 같은 두 소수의 나눗셈

✅ 4.2 kg짜리 수박 한 통이 있습니다. 이 수박을 한 모둠에 0.7 kg씩 모두 나누어 주려고 합니다. 몇 모둠에 나누어 줄 수 있나요?

수박 한 통의 무게를 한 모둠에 나누어 줄 수박의 무게로 나누면 나누어 줄 수 있는 모둠 수를 알 수 있습니다. ➡ 4.2÷0.7

$$0.7\overline{)4.2} \Rightarrow 0.7\overline{)4.2} \Rightarrow 7\overline{)42} \quad | \quad 0.7\overline{)4.2}$$

$$\begin{array}{r} 6 \\ 7\overline{)42} \\ 42 \\ \hline 0 \end{array} \quad \begin{array}{r} 6 \\ 0.7\overline{)4.2} \\ 42 \\ \hline 0 \end{array}$$

4.2÷0.7＝6이므로 수박을 6모둠에 나누어 줄 수 있어요.

 학습계획

일차	1일학습	2일학습	3일학습	4일학습	5일학습
공부할 날	월 일	월 일	월 일	월 일	월 일

☑ **(소수 한 자리 수)÷(소수 한 자리 수)**

· 3.6÷0.6 계산하기

방법 1 분수의 나눗셈으로 고쳐 계산하기

$$3.6 \div 0.6 = \frac{36}{10} \div \frac{6}{10} = 36 \div 6 = 6$$

방법 2 세로로 계산하기

$$0.6\overline{)3.6}$$

나누는 수와 나누어지는 수가 자연수가 되도록 소수점을 오른쪽으로 한 자리씩 옮겨서 계산해요.

☑ **(소수 두 자리 수)÷(소수 두 자리 수)**

· 1.44÷0.24 계산하기

방법 1 분수의 나눗셈으로 고쳐 계산하기

$$1.44 \div 0.24 = \frac{144}{100} \div \frac{24}{100} = 144 \div 24 = 6$$

방법 2 세로로 계산하기

$$0.24\overline{)1.44}$$

나누는 수와 나누어지는 수가 자연수가 되도록 소수점을 오른쪽으로 두 자리씩 옮겨서 계산해요.

📝 개념 쏙쏙 노트

· 자릿수가 같은 두 소수의 나눗셈
분모가 10, 100인 분수로 고쳐서 분수의 나눗셈을 이용하여 계산하거나
나누는 수와 나누어지는 수의 소수점을 같은 자리만큼 오른쪽으로 옮겨
(자연수)÷(자연수)로 계산합니다.

✏️ 계산해 보세요.

1
$$2.6\overline{)36.4}$$

4
$$3.3\overline{)92.4}$$

7
$$1.3\overline{)29.9}$$

2
$$1.5\overline{)80.7}$$

5
$$3.5\overline{)47.6}$$

8
$$2.8\overline{)65.8}$$

3
$$2.6\overline{)35.1}$$

6
$$7.2\overline{)97.2}$$

9
$$4.5\overline{)88.2}$$

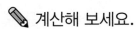 계산해 보세요.

10
$$2.3 \overline{)\ 36.8}$$

14
$$3.2 \overline{)\ 54.4}$$

18
$$4.2 \overline{)\ 88.2}$$

11
$$3.2 \overline{)\ 44.8}$$

15
$$2.8 \overline{)\ 36.4}$$

19
$$1.8 \overline{)\ 41.4}$$

12
$$2.6 \overline{)\ 61.1}$$

16
$$4.5 \overline{)\ 52.2}$$

20
$$2.8 \overline{)\ 6.3}$$

13
$$6.4 \overline{)\ 86.4}$$

17
$$2.2 \overline{)\ 27.5}$$

21
$$3.8 \overline{)\ 58.9}$$

자릿수가 같은 두 소수의 나눗셈

✏️ 계산해 보세요.

1

$$1.08\,)\overline{4.86}$$

4

$$3.05\,)\overline{7.32}$$

2

$$3.02\,)\overline{7.55}$$

5

$$2.12\,)\overline{33.92}$$

3

$$2.25\,)\overline{8.28}$$

6

$$4.12\,)\overline{5.15}$$

 계산해 보세요.

7

$1.16\,)\overline{5.22}$

8

$5.35\,)\overline{7.49}$

9

$6.75\,)\overline{7.56}$

10

$2.6\,)\overline{32.5}$

11

$2.65\,)\overline{6.36}$

12

$3.14\,)\overline{7.85}$

13

$1.84\,)\overline{5.98}$

14

$1.64\,)\overline{6.15}$

15

$2.05\,)\overline{8.61}$

16

$3.15\,)\overline{8.19}$

17

$7.6\,)\overline{87.4}$

18

$6.25\,)\overline{6.75}$

자릿수가 같은 두 소수의 나눗셈

✏️ 계산해 보세요.

1 9.1÷3.5

2 70.2÷2.6

3 16.1÷0.7

4 7.56÷0.28

5 8.32÷1.28

6 4.76÷0.85

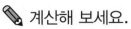 계산해 보세요.

7 $9.1 \div 3.5$

8 $5.76 \div 2.25$

9 $40.6 \div 5.8$

10 $30.6 \div 1.2$

11 $8.32 \div 1.28$

12 $20.8 \div 0.8$

13 $2.08 \div 0.64$

14 $70.2 \div 2.6$

15 $58.33 \div 3.07$

16 $28.5 \div 7.5$

17 $93.1 \div 13.3$

18 $6.24 \div 9.75$

19 $8.76 \div 3.65$

20 $47.1 \div 15.7$

21 $3.84 \div 0.75$

22 $93.6 \div 2.6$

23 $6.2 \div 2.5$

24 $5.49 \div 2.44$

자릿수가 같은 두 소수의 나눗셈

 계산해 보세요.

1 28.5÷7.5

2 30.6÷1.2

3 44.1÷3.5

4 20.46÷0.62

5 4.35÷3.48

6 4.51÷2.75

계산해 보세요.

7   8.32÷2.56

8   16.2÷3.6

9   5.83÷2.65

10   5.37÷7.16

11   99.9÷2.7

12   74.4÷3.1

13   9.1÷1.3

14   7.29÷3.24

15   63.8÷11.6

16   9.18÷4.25

17   8.96÷2.24

18   84.5÷2.6

19   31.5÷2.5

20   8.37÷7.75

21   103.5÷4.6

22   67.41÷3.21

23   14.7÷4.2

24   34.4÷1.6

자릿수가 같은 두 소수의 나눗셈

도전! 14분!

✏️ 빈 곳에 알맞은 수를 써넣으세요.

1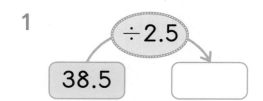
38.5 ÷2.5

2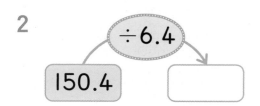
150.4 ÷6.4

3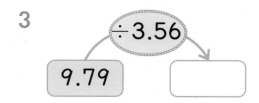
9.79 ÷3.56

4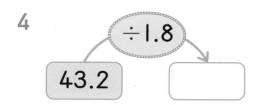
43.2 ÷1.8

5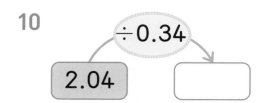
7.85 ÷6.28

6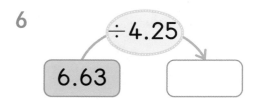
6.63 ÷4.25

7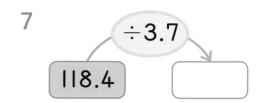
118.4 ÷3.7

8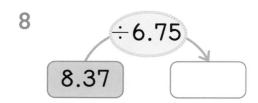
8.37 ÷6.75

9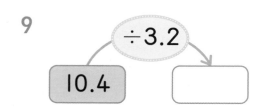
10.4 ÷3.2

10
2.04 ÷0.34

✏️ 빈 곳에 알맞은 수를 써넣으세요.

11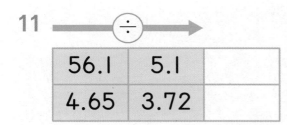

56.1	5.1	
4.65	3.72	

15

8.01	3.56	
52.9	4.6	

12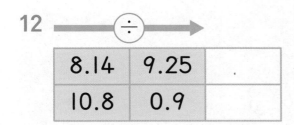

8.14	9.25	
10.8	0.9	

16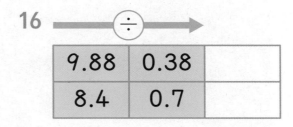

9.88	0.38	
8.4	0.7	

13

6.93	1.75	
49.4	7.6	

17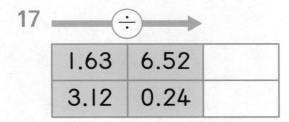

1.63	6.52	
3.12	0.24	

14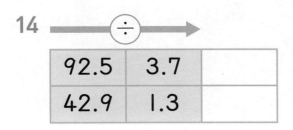

92.5	3.7	
42.9	1.3	

18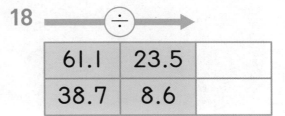

61.1	23.5	
38.7	8.6	

스스로 평가 😆 🙂 😞

57

몫이 작은 것부터 차례로 선으로 이어 보세요.

유진이와 다연이는 고양이 카페에 갔습니다. 카페의 와이파이 비밀번호는 나눗셈의 몫을 차례로 쓴 것입니다. 비밀번호를 구해 보세요.

비밀번호

· 28.8÷4.8
· 30.72÷5.12
· 27.36÷3.42
· 4.34÷0.62

비밀번호는 ☐ ☐ ☐ ☐ 입니다.

자릿수가 다른 두 소수의 나눗셈

✅ 선주네 집에서 우체국까지의 거리는 2.55 km입니다. 선주가 집에서 우체국까지 걸어가는 데 1.5시간이 걸렸다면 한 시간 동안 몇 km를 걸은 셈인가요?

집에서 우체국까지의 거리를 걸어가는 데 걸린 시간으로 나누면 선주가 한 시간 동안 걸은 거리를 알 수 있습니다. ➡ $2.55 \div 1.5$

나누는 수와 나누어지는 수에 똑같이 10을 곱해도 몫은 같습니다.
$$2.55 \div 1.5 = 25.5 \div 15 = 1.7$$

나누는 수와 나누어지는 수에 똑같이 100을 곱해도 몫은 같습니다.
$$2.55 \div 1.5 = 255 \div 150 = 1.7$$

$2.55 \div 1.5 = 1.7$이므로 선주는 한 시간 동안 1.7 km를 걸은 셈이에요.

학습계획

일차	1일 학습	2일 학습	3일 학습	4일 학습	5일 학습
공부할 날	월 일	월 일	월 일	월 일	월 일

✅ **자릿수가 다른 두 소수의 나눗셈**

· **7.56÷1.8 계산하기**

방법 1 분수의 나눗셈으로 고쳐서 계산하기

① **나누는 수가 자연수가 되도록 분모가 10인 분수로 고쳐서 계산합니다.**

$$7.56÷1.8=\frac{75.6}{10}÷\frac{18}{10}=75.6÷18=4.2$$

② **나누어지는 수가 자연수가 되도록 분모가 100인 분수로 고쳐서 계산합니다.**

$$7.56÷1.8=\frac{756}{100}÷\frac{180}{100}=756÷180=4.2$$

분모가 10인 분수로 고쳐서 (소수)÷(자연수)의 계산을 해요.
분모가 100인 분수로 고쳐서 (자연수)÷(자연수)의 계산을 해요.

방법 2 세로로 계산하기

$$\begin{array}{r} 4.2 \\ 1.8\overline{\smash{)}7.5\,6} \\ \underline{7\,2} \\ 3\,6 \\ \underline{3\,6} \\ 0 \end{array}$$

나누는 수가 자연수가 되도록
나누는 수와 나누어지는 수의 소수점을
오른쪽으로 한 자리씩 옮겨서 계산해요.
몫의 소수점은 나누어지는 수의
옮긴 소수점의 위치에 맞추어 찍어요.

📝 **개념 쏙쏙 노트**

· **자릿수가 다른 두 소수의 나눗셈**

방법 1 분수의 나눗셈으로 고쳐서 계산하기
나누는 수 또는 나누어지는 수가 자연수가 되도록 분수로 나타내고 분자들의 나눗셈을 계산합니다.

방법 2 세로로 계산하기
나누는 수 또는 나누어지는 수가 자연수가 되도록 나누는 수와 나누어지는 수의 소수점을 같은 자리만큼 옮겨서 계산합니다.

✎ 계산해 보세요.

1

$$3.9 \overline{)21.84}$$

4

$$2.7 \overline{)17.01}$$

2

$$2.4 \overline{)41.76}$$

5

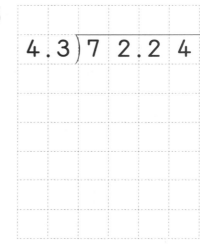

$$4.3 \overline{)72.24}$$

3

$$5.4 \overline{)71.82}$$

6

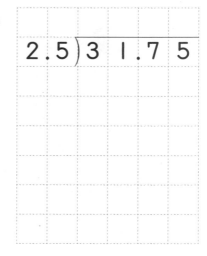

$$2.5 \overline{)31.75}$$

✏ 계산해 보세요.

7
$5.4\overline{)14.58}$

8
$3.6\overline{)11.88}$

9
$7.5\overline{)17.25}$

10
$12.4\overline{)91.76}$

11
$13.6\overline{)87.72}$

12
$2.5\overline{)8.55}$

13
$15.6\overline{)21.06}$

14
$9.5\overline{)44.65}$

15
$3.36\overline{)8.4}$

16
$23.7\overline{)90.06}$

17
$1.25\overline{)4.1}$

18
$14.8\overline{)85.84}$

5
주

✏️ 계산해 보세요.

1

$$8.3 \overline{)59.76}$$

4

$$5.7 \overline{)21.66}$$

2

$$4.9 \overline{)94.08}$$

5

$$2.3 \overline{)31.05}$$

3

$$2.6 \overline{)81.64}$$

6

$$3.4 \overline{)41.48}$$

 계산해 보세요.

7

$7.2 \overline{)40.32}$

11

$7.6 \overline{)36.48}$

15

$3.6 \overline{)35.64}$

8

$3.7 \overline{)17.76}$

12

$2.9 \overline{)7.25}$

16

$2.8 \overline{)15.68}$

9

$4.5 \overline{)55.35}$

13

$2.8 \overline{)41.44}$

17

$2.9 \overline{)24.65}$

10

$6.6 \overline{)54.78}$

14

$6.7 \overline{)56.95}$

18

$3.32 \overline{)8.3}$

5주

도전! 13분!

🖉 계산해 보세요.

1 46.08÷6.4

4 23.68÷3.7

2 30.74÷5.3

5 50.96÷9.1

3 9.3÷3.72

6 6.3÷5.25

 계산해 보세요.

7 31.25÷2.5

13 46.44÷13.5

19 52.26÷3.9

8 85.47÷3.7

14 76.14÷3.6

20 5.4÷4.32

9 30.24÷12.6

15 5.1÷4.25

21 70.72÷27.2

10 59.84÷35.2

16 20.75÷8.3

22 55.38÷85.2

11 52.38÷1.2

17 2.7÷6.75

23 8.4÷2.24

12 54.99÷23.4

18 92.16÷4.8

24 72.68÷2.3

67

 계산해 보세요.

1 42.75 ÷ 1.9

2 45.21 ÷ 3.3

3 5.4 ÷ 2.25

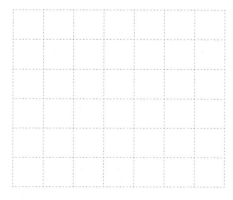

4 79.95 ÷ 6.5

5 55.12 ÷ 2.6

6 9.9 ÷ 1.32

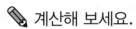 계산해 보세요.

7 43.52÷3.2

8 65.88÷5.4

9 62.16÷8.4

10 54.28÷23.6

11 70.95÷8.6

12 72.64÷6.4

13 55.75÷12.5

14 53.52÷4.8

15 5.2÷3.25

16 3.3÷1.32

17 34.65÷6.3

18 3.1÷2.48

19 40.25÷17.5

20 4.6÷3.68

21 34.58÷9.1

22 72.68÷2.3

23 15.41÷6.7

24 91.76÷12.4

5주

스스로 평가 😆 🙂 🙁

69

✏️ 빈 곳에 알맞은 수를 써넣으세요.

1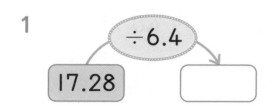
÷6.4
17.28

6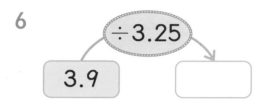
÷3.25
3.9

2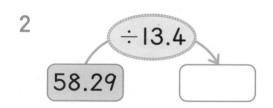
÷13.4
58.29

7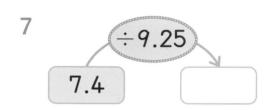
÷9.25
7.4

3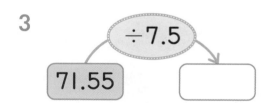
÷7.5
71.55

8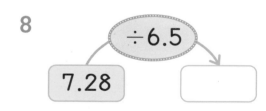
÷6.5
7.28

4
÷23.4
38.61

9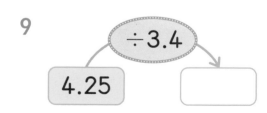
÷3.4
4.25

5
÷2.24
5.6

10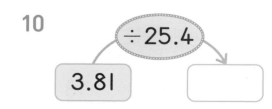
÷25.4
3.81

✎ □ 안에 알맞은 수를 써넣으세요.

11 3.15 → ÷2.5 → ☐

16 9.3 → ÷3.72 → ☐

5주

12 21.46 → ÷3.7 → ☐

17 3.15 → ÷2.5 → ☐

13 8.19 → ÷6.3 → ☐

18 8.3 → ÷3.32 → ☐

14 16.24 → ÷1.4 → ☐

19 5.61 → ÷5.1 → ☐

15 4.29 → ÷1.3 → ☐

20 10.35 → ÷4.6 → ☐

✏️ 계산 결과를 찾아 이어 보세요.

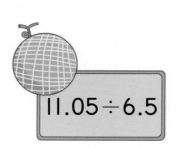

11.05÷6.5

3.69÷4.1

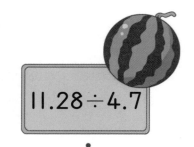

11.28÷4.7

1.7   2.4   0.9   1.2

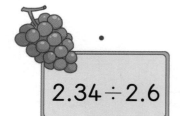

2.34÷2.6

7.44÷6.2

10.88÷6.4

✏️ 계산 결과가 3보다 작으면 파란색, 3보다 크면 노란색을 칠하고, 어느 색을 칠한 조각이 더 많은지 써 보세요. (단, 이미 색칠된 조각도 포함합니다.)

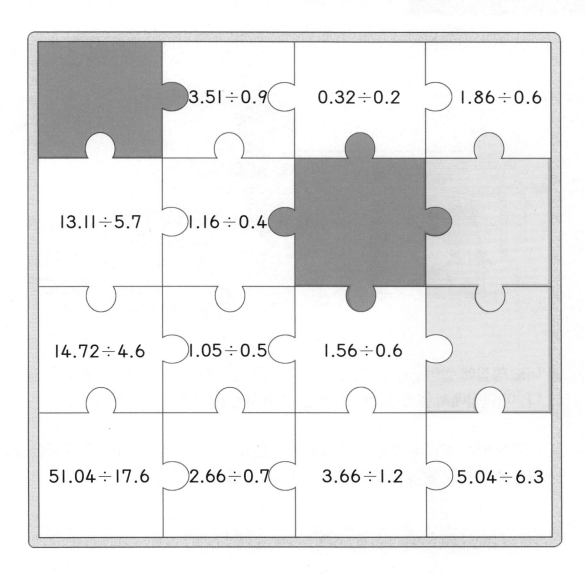

파란색을 칠한 조각은 ☐ 개이고,

노란색을 칠한 조각은 ☐ 개니까

☐ 을 칠한 조각이 더 많아.

(자연수) ÷ (소수)

✓ 어느 떡집에 쌀이 50 kg 있습니다. 이 떡집은 매일 12.5 kg의 쌀로 떡을 만듭니다. 이 떡집에서 쌀 50 kg으로 떡을 모두 며칠 동안 만들 수 있나요?

떡집에 있는 쌀의 무게를 매일 사용하는 쌀의 무게로 나누면 떡을 모두 며칠 동안 만들 수 있는지 알 수 있습니다. ➡ 50÷12.5

$$12.5\overline{)50} \Rightarrow 12.5\overline{)50.0} \Rightarrow 125\overline{)500}$$

나누는 수를 자연수로 만들기 위해 소수점을 오른쪽으로 한 자리씩 옮겨요.

$$\begin{array}{r} 4 \\ 125\overline{)500} \\ 500 \\ \hline 0 \end{array} \qquad \begin{array}{r} 4 \\ 12.5\overline{)50.0} \\ 50\ 0 \\ \hline 0 \end{array}$$

50÷12.5=4이므로 떡을 모두 4일 동안 만들 수 있어요.

74

일차	1일학습	2일학습	3일학습	4일학습	5일학습
공부할 날	월 일	월 일	월 일	월 일	월 일

✅ **(자연수)÷(소수)**

• **14÷3.5 계산하기**

> 방법 1 **분수의 나눗셈으로 고쳐서 계산하기**

$$14÷3.5 = \frac{140}{10} ÷ \frac{35}{10} = 140÷35 = 4$$

> 방법 2 **세로로 계산하기**

$$
\begin{array}{r}
4 \\
3.5\,)\overline{14\,0} \\
\underline{14\,0} \\
0
\end{array}
$$

> 나누는 수가 자연수가 되도록 나누는 수와
> 나누어지는 수의 소수점을 오른쪽으로 같은 자리만큼
> 옮겨요. 나누어지는 수의 소수점을
> 오른쪽으로 옮기고 0을 써요.

• **29÷1.45 계산하기**

> 방법 1 **분수의 나눗셈으로 고쳐서 계산하기**

$$29÷1.45 = \frac{2900}{100} ÷ \frac{145}{100} = 2900÷145 = 20$$

> 방법 2 **세로로 계산하기**

$$
\begin{array}{r}
20 \\
1.45\,)\overline{29\,00} \\
\underline{29\,0} \\
0
\end{array}
$$

> 1.45가 자연수가 되도록 소수점을
> 오른쪽으로 두 자리 옮겨요.

📒 **개념 쏙쏙 노트**

• **(자연수)÷(소수)**

> 방법 1 분수의 나눗셈으로 고쳐서 계산하기
> 나누는 수가 소수 한 자리 수일 때는 분모가 10인 분수로 고치고, 나누는 수가 소수 두 자리 수일 때는 분모가 100인 분수로 고쳐서 분자끼리 나눕니다.

> 방법 2 세로로 계산하기
> 나누는 수가 자연수가 되도록 나누는 수와 나누어지는 수의 소수점을 오른쪽으로 같은 자리만큼 옮겨서 계산합니다.

✏️ 계산해 보세요.

1

$0.7\overline{)3\ 5}$

2

$3.5\overline{)8\ 4}$

3

$1.5\overline{)4\ 8}$

4

$3.4\overline{)5\ 1}$

5

$0.15\overline{)9}$

6

$0.12\overline{)3}$

7

$1.25\overline{)3\ 0}$

8

$3.75\overline{)4\ 5}$

✏️ 계산해 보세요.

9
$0.7 \overline{)42}$

10
$1.2 \overline{)90}$

11
$2.5 \overline{)125}$

12
$1.75 \overline{)126}$

13
$0.68 \overline{)119}$

14
$0.4 \overline{)24}$

15
$3.5 \overline{)21}$

16
$7.3 \overline{)365}$

17
$0.25 \overline{)7}$

18
$1.25 \overline{)175}$

19
$10.5 \overline{)21}$

20
$4.5 \overline{)144}$

21
$1.92 \overline{)48}$

22
$2.75 \overline{)77}$

23
$1.8 \overline{)45}$

(자연수) ÷ (소수)

✏️ 계산해 보세요.

1
$$1.6 \overline{)24}$$

2
$$6.5 \overline{)78}$$

3
$$3.8 \overline{)209}$$

4
$$0.25 \overline{)7}$$

5
$$0.75 \overline{)39}$$

6
$$0.64 \overline{)16}$$

7
$$1.25 \overline{)200}$$

8
$$5.24 \overline{)393}$$

계산해 보세요.

9
0.6)‾1‾5‾

10
1.4)‾6‾3‾

11
2.4)‾6‾0‾

12
2.8)‾4‾2‾

13
12.5)‾7‾5‾

14
7.5)‾1‾8‾0‾

15
8.2)‾2‾0‾5‾

16
2.5)‾3‾5‾

17
1.52)‾3‾8‾

18
0.5)‾1‾8‾

19
1.4)‾7‾0‾

20
6.2)‾9‾3‾

21
0.45)‾3‾6‾

22
4.5)‾2‾7‾

23
3.5)‾2‾8‾

✏️ 계산해 보세요.

1 24÷0.6

5 45÷2.25

2 72÷1.6

6 23÷0.92

3 96÷6.4

7 91÷1.75

4 65÷2.6

8 19÷0.76

✏️ 계산해 보세요.

9　90÷7.5

10　16÷3.2

11　63÷4.2

12　3÷0.75

13　375÷1.25

14　204÷2.4

15　18÷0.36

16　7÷0.5

17　12÷0.16

18　6÷0.12

19　56÷2.8

20　60÷1.5

21　414÷3.45

22　33÷1.32

23　91÷1.75

24　68÷1.7

25　17÷3.4

26　230÷9.2

27　30÷2.5

28　10÷1.25

29　84÷4.2

6
주

스스로
평가

81

(자연수) ÷ (소수)

✏️ 계산해 보세요.

1 351÷7.8

2 243÷5.4

3 364÷6.5

4 160÷2.5

5 155÷6.2

6 8÷0.25

7 98÷3.92

8 46÷1.84

9 37÷1.48

✏ 계산해 보세요.

10 $42 \div 1.68$

11 $266 \div 2.8$

12 $82 \div 16.4$

13 $66 \div 1.5$

14 $492 \div 9.84$

15 $45 \div 1.8$

16 $78 \div 3.12$

17 $350 \div 8.75$

18 $126 \div 3.6$

19 $210 \div 3.75$

20 $144 \div 2.25$

21 $20 \div 1.25$

22 $84 \div 1.12$

23 $18 \div 2.25$

24 $91 \div 6.5$

25 $57 \div 3.8$

26 $216 \div 4.32$

27 $155 \div 2.5$

28 $205 \div 2.5$

29 $29 \div 1.45$

30 $42 \div 1.68$

스스로
평가

✏️ 빈 곳에 알맞은 수를 써넣으세요.

1   60   ÷0.4

2   27   ÷1.8

3   12   ÷0.15

4   117   ÷7.8

5   126   ÷1.68

6   78   ÷0.25

7   87   ÷1.74

8   39   ÷3.25

9   279   ÷3.72

10   84   ÷10.5

✏️ 빈 곳에 알맞은 수를 써넣으세요.

11
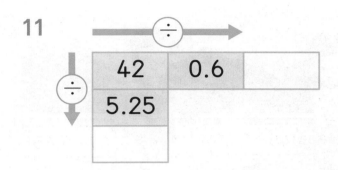

15
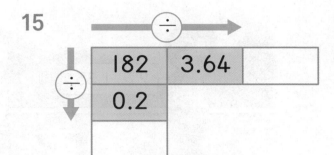

12
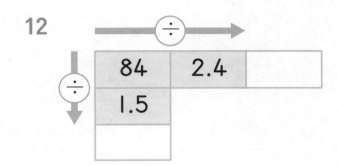

16
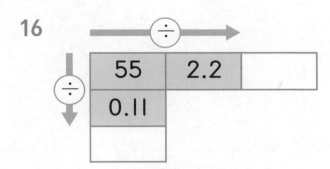

13
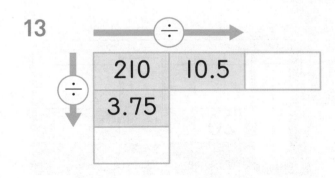

17
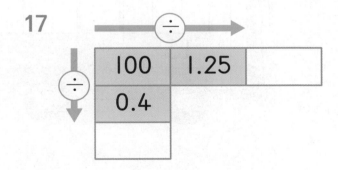

14
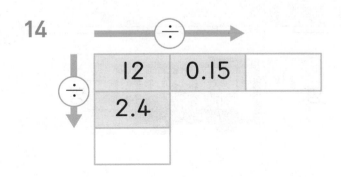

18
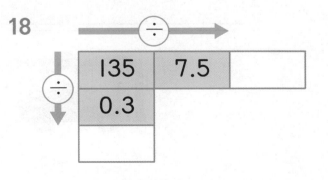

스스로 평가 😆 🙂 🙁

가방에 적혀 있는 나눗셈의 계산 결과에 따라 버스를 타려고 합니다. 각 버스에 타는 사람은 몇 명인지 구해 보세요.

15 : ☐ 명   20 : ☐ 명

주어진 가로·세로 열쇠를 보고 퍼즐을 완성해 보세요.

	㉠			㉟
㉡		㉢		
	㉣			
		㉥		
	㉤			

가로 열쇠

㉠ 65÷2.6
㉡ 117÷6.5
㉢ 234÷0.75
㉣ 126÷2.25
㉤ 595÷3.4

세로 열쇠

㉠ 91÷3.25
㉡ 88÷5.5
㉢ 306÷8.5
㉥ 141÷9.4
㉟ 150÷1.25

예준이네 가족은 밤 5.4 kg을 땄습니다. 딴 밤을 한 봉지에 1.4 kg씩 나누어 담으면 밤은 몇 봉지가 되고, 몇 kg이 남나요?

전체 밤의 무게를 한 봉지에 담는 밤의 무게로 나누면 몇 봉지에 담을 수 있고, 몇 kg이 남는지 알 수 있습니다. ➡ 5.4÷1.4

$$1.4\overline{)5.4} \Rightarrow 1.4\overline{)5.4} \Rightarrow 14\overline{)54}$$

$$\begin{array}{r} 3 \\ 14\overline{)54} \\ \underline{42} \\ 12 \end{array} \qquad \begin{array}{r} 3 \quad \leftarrow \text{몫} \\ 1.4\overline{)5.4} \\ \underline{4\,2} \\ 1\,2 \quad \leftarrow \text{나머지} \end{array}$$

5.4÷1.4=3…1.2이므로 밤은 3봉지가 되고, 1.2 kg이 남아요.

일차	1일 학습	2일 학습	3일 학습	4일 학습	5일 학습
공부할 날	월 일	월 일	월 일	월 일	월 일

✅ **소수의 나눗셈에서 나머지 구하기** 6.7÷1.3 계산하기

방법 1 똑같이 덜어 내어 계산하기

$$6.7-1.3-1.3-1.3-1.3-1.3=0.2$$

> 6.7에서 1.3을 5번 덜어 내면 0.2가 남습니다.

방법 2 세로로 계산하기

```
           5  ← 몫
    1.3 ) 6.7
          6 5
          0 2  ← 나머지
```

> 소수점을 이동하여 몫을 구하고 나머지의 소수점은 나누어지는 수의 소수점 자리에 찍어요.

나누는 수와 몫의 곱에 나머지를 더하여 나누어지는 수가 되는지 확인합니다.

➡ $1.3×5=6.5,\ 6.5+0.2=6.7$

✅ **몫을 반올림하여 나타내기** 8÷0.7의 몫을 반올림하여 나타내기

```
            1 1 . 4 2 8
    0.7 ) 8  0 0 0 0 0
          7
          1 0
            7
            3 0
            2 8
              2 0
              1 4
                6 0
                5 6
                  4
```

(1) 몫을 반올림하여 소수 첫째 자리까지 나타내기
   몫을 소수 둘째 자리까지 구한 다음 소수 둘째 자리에서 반올림합니다.

$$8÷0.7=11.42……$$
$$➡ 11.4$$

(2) 몫을 반올림하여 소수 둘째 자리까지 나타내기
   몫을 소수 셋째 자리까지 구한 다음 소수 셋째 자리에서 반올림합니다.

$$8÷0.7=11.428……$$
$$➡ 11.43$$

> 몫을 반올림하여 소수 첫째 자리까지 나타내려면 소수 둘째 자리에서 반올림하고, 몫을 반올림하여 소수 둘째 자리까지 나타내려면 소수 셋째 자리에서 반올림해요.

✏️ 나눗셈의 몫을 자연수 부분까지 구하고 나머지를 알아보세요.

1

$$7\overline{)51.8}$$

4

$$0.5\overline{)2.6}$$

7

$$0.7\overline{)6.1}$$

2

$$1.3\overline{)6.3}$$

5

$$8\overline{)45.5}$$

8

$$0.6\overline{)4}$$

3

$$0.12\overline{)3.19}$$

6

$$0.38\overline{)8.4}$$

9

$$0.43\overline{)7}$$

✏️ 나눗셈의 몫을 자연수 부분까지 구하고 나머지를 알아보세요.

10

$9 \overline{)82.3}$

15

$1.7 \overline{)5.74}$

20

$0.27 \overline{)1.13}$

11

$0.8 \overline{)6.9}$

16

$8 \overline{)70.15}$

21

$2.6 \overline{)24.76}$

12

$0.4 \overline{)2.9}$

17

$2.34 \overline{)16.43}$

22

$1.14 \overline{)9.19}$

13

$5 \overline{)31.29}$

18

$2.36 \overline{)5.2}$

23

$2.64 \overline{)12}$

14

$0.4 \overline{)10.3}$

19

$0.9 \overline{)11}$

24

$2.7 \overline{)53}$

나머지 구하기 /
몫을 반올림하여 나타내기

도전! 13분!

✏️ 나눗셈의 몫을 자연수 부분까지 구하고 나머지를 알아보세요.

1 11.4÷1.8

4 3.74÷0.7

7 17÷3.6

2 5.04÷1.74

5 8÷2.17

8 5.8÷1.24

3 17÷0.6

6 36.5÷2.7

9 8.9÷0.34

✏️ 나눗셈의 몫을 자연수 부분까지 구하고 나머지를 알아보세요.

10 $144 \div 7.9$

17 $84 \div 6.4$

24 $72.1 \div 8.8$

11 $55.23 \div 16.2$

18 $55 \div 7.09$

25 $262 \div 5.4$

12 $64.7 \div 10.7$

19 $27.3 \div 8.5$

26 $30.45 \div 3.12$

13 $27.44 \div 3.5$

20 $222 \div 7.38$

27 $84.9 \div 6.9$

14 $167 \div 9.15$

21 $86.6 \div 10.8$

28 $58.4 \div 2.6$

15 $284.4 \div 4.7$

22 $97.7 \div 2.2$

29 $25.57 \div 3.26$

16 $257 \div 5.7$

23 $88.3 \div 5.66$

30 $52.76 \div 4.37$

나머지 구하기 /
몫을 반올림하여 나타내기

✏️ 나눗셈의 몫을 반올림하여 소수 첫째 자리까지 나타내세요.

1 9.7÷2.8 ➡

2 4.65÷0.8 ➡

3 5÷2.9 ➡

4 5.5÷0.7 ➡

5 8.24÷7.2 ➡

6 1.59÷1.3 ➡

✎ 나눗셈의 몫을 반올림하여 소수 첫째 자리까지 나타내세요.

7

$7 \overline{)43.24}$

8

$3.1 \overline{)90.5}$

9

$1.76 \overline{)30.95}$

10

$2.3 \overline{)38}$

11

$5.9 \overline{)25.11}$

12

$1.9 \overline{)27.7}$

13

$2.63 \overline{)40.7}$

14

$2.19 \overline{)72}$

15

$3.6 \overline{)8.59}$

16

$3.17 \overline{)9.24}$

✏️ 나눗셈의 몫을 반올림하여 소수 둘째 자리까지 나타내세요.

1 22.63÷16 ➡

3 5÷0.7 ➡

2 67.2÷3.1 ➡

4 84.03÷3.6 ➡

✎ 나눗셈의 몫을 반올림하여 소수 둘째 자리까지 나타내세요.

5   $8.2 \div 6 \Rightarrow$

6   $1.85 \div 1.2 \Rightarrow$

7   $10.9 \div 5.6 \Rightarrow$

8   $80.6 \div 29.4 \Rightarrow$

9   $67 \div 4.9 \Rightarrow$

10   $21.56 \div 3.8 \Rightarrow$

11   $36.45 \div 7.48 \Rightarrow$

12   $98 \div 5.32 \Rightarrow$

13   $33.65 \div 7 \Rightarrow$

14   $23 \div 0.9 \Rightarrow$

15   $53.6 \div 2.8 \Rightarrow$

16   $8.56 \div 3.79 \Rightarrow$

17   $16 \div 2.34 \Rightarrow$

18   $39.9 \div 8.6 \Rightarrow$

스스로 평가 😄 🙂 😞

도전! 16분!

✎ 나눗셈의 몫을 자연수 부분까지 구하여 □ 안에 쓰고, 나머지를 ◯ 안에 써넣으세요.

1

7.5	0.9		
6.9	0.7		

5

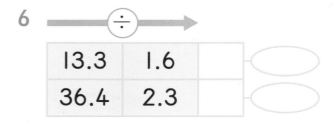

15.5	6		
9.4	4		

2

4.26	1.23		
9.58	0.64		

6

13.3	1.6		
36.4	2.3		

3

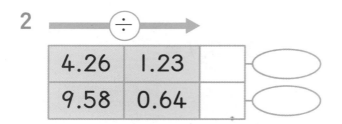

8	2.7		
13	3.4		

7

5.76	2.3		
3.94	0.9		

4

4.29	0.8		
7.32	2.6		

8

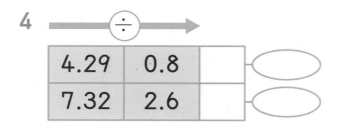

18	0.76		
42	1.38		

✏️ 나눗셈의 몫을 반올림하여 주어진 자리까지 나타내세요.

9

$15.36 \div 2.7$

소수 첫째 자리 (   )

소수 둘째 자리 (   )

13

$54.7 \div 2.8$

소수 첫째 자리 (   )

소수 둘째 자리 (   )

10

$15 \div 6.2$

소수 첫째 자리 (   )

소수 둘째 자리 (   )

14

$14.49 \div 6.72$

소수 첫째 자리 (   )

소수 둘째 자리 (   )

11

$43.66 \div 2.8$

소수 첫째 자리 (   )

소수 둘째 자리 (   )

15

$9.25 \div 4.8$

소수 첫째 자리 (   )

소수 둘째 자리 (   )

12

$71.4 \div 53.7$

소수 첫째 자리 (   )

소수 둘째 자리 (   )

16

$34 \div 2.68$

소수 첫째 자리 (   )

소수 둘째 자리 (   )

스스로 평가 😆 🙂 😞

유진이가 가게에 가려고 합니다. 소수의 나눗셈에서 몫을 자연수 부분까지 구했을 때 나머지가 바르게 적힌 길을 따라가 유진이가 도착하는 가게에 ○표 하세요.

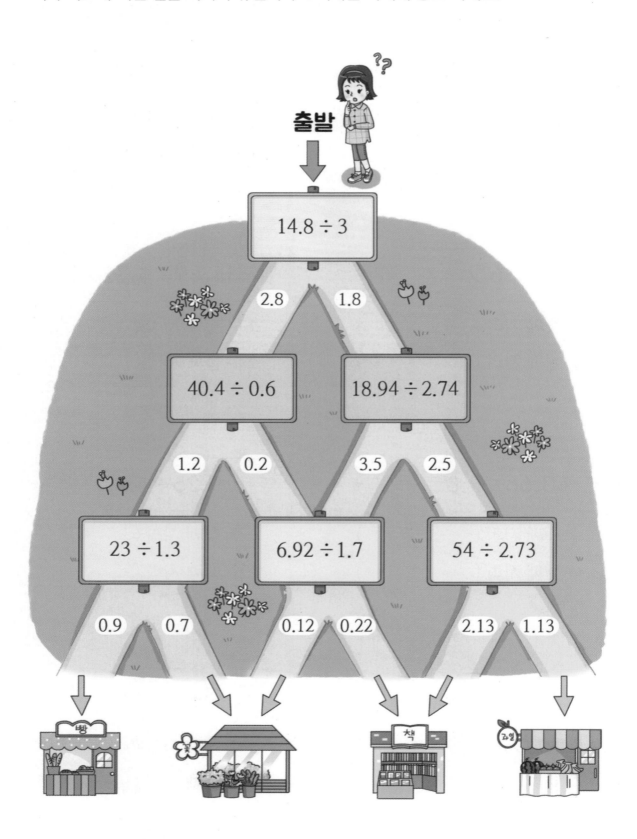

✏️ 어느 탐험가가 모험을 하던 중 소인국에 표류했습니다. 탐험가의 키는 185 cm이고, 소인국 사람의 키는 7.3 cm일 때 탐험가의 키는 소인국 사람의 키의 몇 배인지 몫을 반올림하여 소수 첫째 자리까지 나타내어 보세요.

탐험가의 키는 소인국 사람의 키의 약 ☐ 배입니다.

가장 간단한 자연수의 비로 나타내기

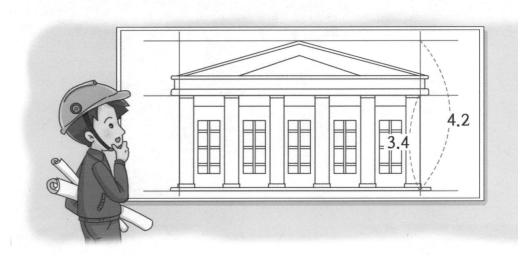

✅ 어느 건축가가 바닥에서부터 기둥까지의 높이와 바닥에서부터 천장까지의 높이의 비가 3.4 : 4.2인 건축물을 만들려고 합니다. 3.4 : 4.2를 가장 간단한 자연수의 비로 나타내어 보세요.

두 소수의 비를 간단한 자연수의 비로 나타내려면 각 항에 10을 곱합니다.
$$(3.4 \times 10) : (4.2 \times 10) = 34 : 42$$

각 항을 두 수의 최대공약수로 나눕니다.
$$34 : 42 = (34 \div 2) : (42 \div 2)$$
$$= 17 : 21$$

3.4 : 4.2를 가장 간단한 자연수의 비로 나타내면 17 : 21이에요.

학습계획

일차	1일학습	2일학습	3일학습	4일학습	5일학습
공부할 날	월 일	월 일	월 일	월 일	월 일

✅ **소수의 비**

각 항에 10, 100, 1000⋯⋯을 곱하여 자연수의 비로 나타냅니다.

$$1.31 : 0.9 = (1.31 \times 100) : (0.9 \times 100) = 131 : 90$$

✅ **분수의 비**

각 항에 분모의 최소공배수를 곱하여 자연수의 비로 나타냅니다.

$$\frac{1}{3} : \frac{2}{5} = \left(\frac{1}{3} \times \underline{15}\right) : \left(\frac{2}{5} \times \underline{15}\right) = 5 : 6$$

3과 5의 최소공배수

✅ **자연수의 비**

각 항을 최대공약수로 나누어서 자연수의 비로 나타냅니다.

$$24 : 40 = (24 \div \underline{8}) : (40 \div \underline{8}) = 3 : 5$$

24와 40의 최대공약수

✅ **소수와 분수의 비**

방법 1 **소수를 분수로 고치고 자연수의 비로 나타내기**

→ 각 항에 두 분모의 최소공배수인 20을 곱해요.

$$0.5 : \frac{3}{4} = \left(\frac{5}{10} \times \underline{20}\right) : \left(\frac{3}{4} \times \underline{20}\right)$$
$$= 10 : 15 = (10 \div \underline{5}) : (15 \div \underline{5}) = 2 : 3$$

→ 각 항을 두 수의 최대공약수인 5로 나눠요.

방법 2 **분수를 소수로 고치고 자연수의 비로 나타내기**

→ 각 항에 100을 곱하여 자연수의 비로 만들어요.

$$0.5 : \frac{3}{4} = (0.5 \times \underline{100}) : (0.75 \times \underline{100})$$
$$= 50 : 75 = (50 \div \underline{25}) : (75 \div \underline{25}) = 2 : 3$$

→ 각 항을 두 수의 최대공약수인 25로 나눠요.

✏️ ☐ 안에 알맞은 수를 써넣으세요.

1
×2
$2 : 3 = \boxed{} : \boxed{}$
× ☐

2
×3
$3 : 4 = \boxed{} : \boxed{}$
× ☐

3
×4
$7 : 6 = \boxed{} : \boxed{}$
× ☐

4
× ☐
$11 : 5 = \boxed{} : \boxed{}$
×3

5
× ☐
$9 : 13 = \boxed{} : \boxed{}$
×6

6
× ☐
$15 : 8 = \boxed{} : \boxed{}$
×7

7
×5
$13 : 6 = \boxed{} : \boxed{}$
× ☐

8
× ☐
$12 : 7 = \boxed{} : \boxed{}$
×6

9
× ☐
$41 : 8 = \boxed{} : \boxed{}$
×2

10
× ☐
$21 : 9 = \boxed{} : \boxed{}$
×5

11
× ☐
$30 : 18 = \boxed{} : \boxed{}$
×4

12
× ☐
$33 : 14 = \boxed{} : \boxed{}$
×10

✏️ ☐ 안에 알맞은 수를 써넣으세요.

13

÷3

6 : 3 = ☐ : ☐

÷☐

14

÷4

12 : 8 = ☐ : ☐

÷☐

15

÷2

16 : 20 = ☐ : ☐

÷2

16

÷☐

27 : 90 = ☐ : ☐

÷9

17

÷☐

15 : 45 = ☐ : ☐

÷5

18

÷☐

30 : 65 = ☐ : ☐

÷5

19

÷16

32 : 48 = ☐ : ☐

÷☐

20

÷12

36 : 24 = ☐ : ☐

÷☐

21

÷6

54 : 90 = ☐ : ☐

÷☐

22

÷☐

100 : 150 = ☐ : ☐

÷5

23

÷☐

250 : 400 = ☐ : ☐

÷25

24

÷☐

320 : 600 = ☐ : ☐

÷40

스스로
평가 😄 🙂 🙁

105

가장 간단한 자연수의 비로 나타내기

도전! 8분!

✏️ 가장 간단한 자연수의 비로 나타내어 보세요.

1 0.2 : 0.7

$= (0.2 \times 10) : (0.7 \times \boxed{})$

$= 2 : \boxed{}$

2 0.3 : 0.4

$= (0.3 \times 10) : (0.4 \times \boxed{})$

$= \boxed{} : \boxed{}$

3 0.39 : 0.71

$= (0.39 \times 100) : (0.71 \times \boxed{})$

$= 39 : \boxed{}$

4 1.26 : 0.97

$= (1.26 \times 100) : (0.97 \times \boxed{})$

$= \boxed{} : \boxed{}$

5 0.6 : 0.2

$= (0.6 \times 10) : (0.2 \times \boxed{})$

$= 6 : \boxed{}$

$= (6 \div 2) : (2 \div \boxed{})$

$= \boxed{} : \boxed{}$

6 0.8 : 0.4

$= (0.8 \times 10) : (0.4 \times \boxed{})$

$= \boxed{} : \boxed{}$

$= (8 \div 4) : (4 \div \boxed{})$

$= \boxed{} : \boxed{}$

7 1.5 : 1.8

$= (1.5 \times 10) : (1.8 \times \boxed{})$

$= \boxed{} : \boxed{}$

$= (\boxed{} \div 3) : (\boxed{} \div \boxed{})$

$= \boxed{} : \boxed{}$

✏️ 가장 간단한 자연수의 비로 나타내어 보세요.

8 0.2 : 0.9

9 0.7 : 0.8

10 1.6 : 6.4

11 3.5 : 5.2

12 1.4 : 0.95

13 3.1 : 0.62

14 0.05 : 1.2

15 0.4 : 5.2

16 1.5 : 0.9

17 0.48 : 1.24

18 0.5 : 1.6

19 4.2 : 10.5

20 5.7 : 8.1

21 0.11 : 1.21

가장 간단한 자연수의 비로 나타내기

도전! 8분!

✏️ 가장 간단한 자연수의 비로 나타내어 보세요.

1 $\dfrac{1}{4} : \dfrac{4}{5}$

$= \left(\dfrac{1}{4} \times 20 \right) : \left(\dfrac{4}{5} \times \boxed{} \right)$

$= 5 : \boxed{}$

2 $\dfrac{2}{5} : \dfrac{1}{3}$

$= \left(\dfrac{2}{5} \times 15 \right) : \left(\dfrac{1}{3} \times \boxed{} \right)$

$= \boxed{} : \boxed{}$

3 $1\dfrac{1}{3} : \dfrac{5}{8}$

$= \dfrac{\boxed{}}{3} : \dfrac{5}{8}$

$= \left(\dfrac{\boxed{}}{3} \times 24 \right) : \left(\dfrac{5}{8} \times \boxed{} \right)$

$= \boxed{} : \boxed{}$

4 $\dfrac{3}{10} : 1\dfrac{3}{5}$

$= \dfrac{3}{10} : \dfrac{8}{5}$

$= \left(\dfrac{3}{10} \times 10 \right) : \left(\dfrac{8}{5} \times \boxed{} \right)$

$= \boxed{} : \boxed{}$

5 $1\dfrac{1}{10} : 1\dfrac{2}{5}$

$= \dfrac{\boxed{}}{10} : \dfrac{\boxed{}}{5}$

$= \left(\dfrac{\boxed{}}{10} \times 10 \right) : \left(\dfrac{\boxed{}}{5} \times \boxed{} \right)$

$= \boxed{} : \boxed{}$

6 $2\dfrac{2}{3} : 1\dfrac{5}{7}$

$= \dfrac{\boxed{}}{3} : \dfrac{\boxed{}}{7}$

$= \left(\dfrac{\boxed{}}{3} \times 21 \right) : \left(\dfrac{\boxed{}}{7} \times 21 \right)$

$= \boxed{} : \boxed{}$

$= \left(\boxed{} \div 4 \right) : \left(\boxed{} \div \boxed{} \right)$

$= \boxed{} : \boxed{}$

✏️ 가장 간단한 자연수의 비로 나타내어 보세요.

7 $\frac{3}{8} : \frac{3}{10}$

8 $1\frac{3}{7} : \frac{10}{11}$

9 $\frac{3}{4} : \frac{1}{2}$

10 $\frac{1}{6} : \frac{5}{16}$

11 $1\frac{2}{3} : \frac{5}{9}$

12 $1\frac{1}{12} : \frac{7}{8}$

13 $2\frac{1}{3} : \frac{6}{11}$

14 $1\frac{3}{17} : 2\frac{13}{34}$

15 $2\frac{4}{7} : 1\frac{7}{8}$

16 $1\frac{7}{25} : 1\frac{13}{19}$

17 $\frac{6}{7} : 2\frac{1}{7}$

18 $4\frac{1}{5} : 5\frac{5}{6}$

19 $6\frac{3}{4} : 8\frac{1}{2}$

20 $1\frac{1}{4} : 1\frac{2}{3}$

✏️ 가장 간단한 자연수의 비로 나타내어 보세요.

1 260 : 39

$= (260 \div 13) : (39 \div \boxed{})$

$= \boxed{} : \boxed{}$

5 14 : 49

$= (14 \div 7) : (49 \div \boxed{})$

$= \boxed{} : \boxed{}$

2 40 : 16

$= (40 \div 8) : (16 \div \boxed{})$

$= \boxed{} : \boxed{}$

6 18 : 14

$= (18 \div 2) : (14 \div \boxed{})$

$= \boxed{} : \boxed{}$

3 5 : 25

$= (5 \div 5) : (25 \div \boxed{})$

$= \boxed{} : \boxed{}$

7 12 : 20

$= (12 \div \boxed{}) : (20 \div \boxed{})$

$= \boxed{} : \boxed{}$

4 6 : 28

$= (6 \div 2) : (28 \div \boxed{})$

$= \boxed{} : \boxed{}$

8 30 : 35

$= (30 \div \boxed{}) : (35 \div \boxed{})$

$= \boxed{} : \boxed{}$

✏️ 가장 간단한 자연수의 비로 나타내어 보세요.

9　2 : 8

16　63 : 42

10　6 : 10

17　68 : 17

11　14 : 28

18　111 : 37

12　24 : 16

19　46 : 69

13　15 : 18

20　85 : 25

14　64 : 24

21　54 : 74

15　18 : 64

22　120 : 168

✎ 가장 간단한 자연수의 비로 나타내어 보세요.

1 0.1 : 0.5

2 1.6 : 5.4

3 2.6 : 0.8

4 0.64 : 0.56

5 $\dfrac{4}{5} : \dfrac{3}{13}$

6 $\dfrac{5}{7} : \dfrac{9}{11}$

7 3 : 21

8 $0.3 : \dfrac{4}{5}$

9 1.44 : 0.72

10 $\dfrac{17}{48} : 1\dfrac{5}{8}$

11 $\dfrac{23}{54} : 1\dfrac{5}{18}$

12 $3.12 : 2\dfrac{4}{25}$

13 96 : 116

14 $6\dfrac{2}{3} : 2\dfrac{6}{7}$

가장 간단한 자연수의 비로 나타내어 보세요.

15 $2.5 : 6.25$

16 $490 : 168$

17 $\dfrac{1}{5} : \dfrac{7}{9}$

18 $1.6 : 0.96$

19 $1\dfrac{6}{13} : 1\dfrac{1}{6}$

20 $2.75 : 4\dfrac{1}{6}$

21 $2.9 : 6\dfrac{4}{9}$

22 $65 : 91$

23 $2\dfrac{1}{15} : \dfrac{13}{20}$

24 $1.92 : 0.64$

25 $2\dfrac{1}{4} : \dfrac{7}{8}$

26 $2\dfrac{4}{15} : 2\dfrac{8}{9}$

27 $3\dfrac{3}{20} : 1.65$

28 $4\dfrac{4}{5} : 0.84$

✏️ 지민이네 집에서 학교까지의 거리는 3.5 km, 현승이네 집에서 학교까지의 거리는 2.25 km, 지민이네 집에서 현승이네 집까지의 거리는 5 km입니다. 각 거리의 비를 가장 간단한 자연수의 비로 나타내어 보세요.

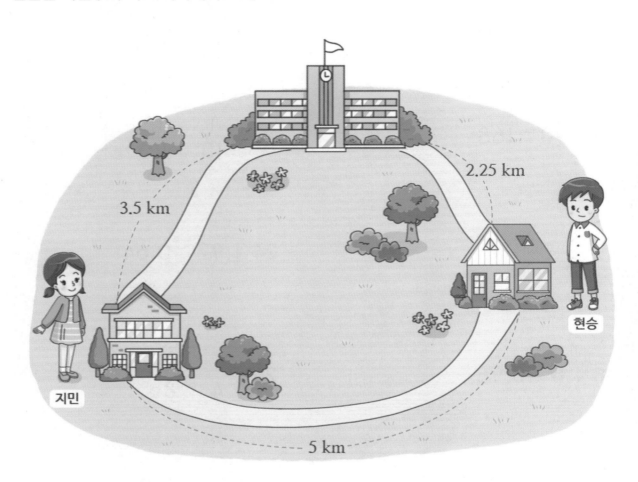

(지민이네 집 ~ 학교) : (지민이네 집 ~ 현승이네 집)

$=3.5 : 5 =$ ☐ : ☐

(지민이네 집 ~ 현승이네 집) : (현승이네 집 ~ 학교)

$=5 : 2.25 =$ ☐ : ☐

(지민이네 집 ~ 학교) : (현승이네 집 ~ 학교)

$=3.5 : 2.25 =$ ☐ : ☐

승아네 모둠은 방울토마토 모종을 키우고 있습니다. 방울토마토 모종을 키우기 시작한 지 한 달 후 몇 cm가 자랐는지 조사했습니다. 2명씩 짝 지어 방울토마토 모종이 자란 길이의 비를 가장 간단한 자연수의 비로 나타내어 보세요.

$$4.5 : 4\frac{13}{20} = \boxed{} : \boxed{}$$

$$3\frac{9}{10} : 5.2 = \boxed{} : \boxed{}$$

✅ 책자에 그려진 건물의 높이는 4 cm이고, 실제 건물의 높이는 1200 cm입니다. 책자에 그려진 건물의 가로가 15 cm라면 실제 건물의 가로는 몇 cm인가요?

실제 건물의 가로를 ☐로 놓고 비례식을 세웁니다.

$$4 : 15 = 1200 : \boxed{}$$

높이　가로

비례식에서 외항의 곱과 내항의 곱이 같다는 비례식의 성질을 이용하면 ☐의 값을 구할 수 있습니다.

외항

$$4 : 15 = 1200 : \boxed{} \quad \Rightarrow \quad$$

내항

$$4 \times \boxed{} = 15 \times 1200$$
$$4 \times \boxed{} = 18000$$
$$\boxed{} = 18000 \div 4$$
$$\boxed{} = 4500$$

$4 : 15 = 1200 : \boxed{}$에서 $\boxed{} = 4500$이므로 실제 건물의 가로는 4500 cm예요.

✅ **비례식의 성질**

외항
$$3 : 5 = 9 : 15$$
내항

외항의 곱: $3 \times 15 = 45$
내항의 곱: $5 \times 9 = 45$
같습니다.

> 비례식에서 외항의 곱과 내항의 곱은 같아요.

✅ **비례식에서 ☐의 값 구하기**

· $4 : 3 = 12 : ☐$ 에서 ☐의 값 구하기

방법 **1** **비례식의 성질을 이용하기**

$4 : 3 = 12 : ☐$ ➡ $4 \times ☐ = 3 \times 12$

$4 \times ☐ = 36$

$☐ = 36 \div 4$

$☐ = 9$

방법 **2** **비의 성질을 이용하기**

×3
$$4 : 3 = 12 : ☐$$ ➡ $☐ = 3 \times 3 = 9$
×3

> 각 항에 0이 아닌 같은 수를
> 곱하거나 나누어도 비의 값은 같아요.

📝 **개념 쏙쏙 노트**

· 비례식에서 ☐의 값 구하기
① 구하려는 것을 ☐로 놓고 비례식을 세웁니다.
② 외항의 곱과 내항의 곱이 같음을 이용하여 ☐를 구합니다.

비례식

✏️ 비례식의 성질을 이용하여 ☐ 안에 알맞은 수를 써넣으세요.

1 $2 : 3 = 4 : ●$

➡ $2 \times ● = 3 \times 4$

$2 \times ● = \boxed{}$

$● = \boxed{} \div 2$

$● = \boxed{}$

2 $▲ : 5 = 8 : 10$

➡ $▲ \times 10 = 5 \times 8$

$▲ \times 10 = \boxed{}$

$▲ = \boxed{} \div 10$

$▲ = \boxed{}$

3 $6 : 8 = ■ : 4$

➡ $8 \times ■ = 6 \times 4$

$8 \times ■ = \boxed{}$

$■ = \boxed{} \div 8$

$■ = \boxed{}$

4 $7 : 2 = 21 : ◆$

➡ $7 \times ◆ = 2 \times 21$

$7 \times ◆ = \boxed{}$

$◆ = \boxed{} \div 7$

$◆ = \boxed{}$

5 $8 : ★ = 32 : 8$

➡ $★ \times 32 = 8 \times 8$

$★ \times 32 = \boxed{}$

$★ = \boxed{} \div 32$

$★ = \boxed{}$

6 $◈ : 5 = 27 : 15$

➡ $◈ \times 15 = 5 \times 27$

$◈ \times 15 = \boxed{}$

$◈ = \boxed{} \div 15$

$◈ = \boxed{}$

✏️ 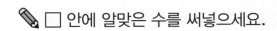 □ 안에 알맞은 수를 써넣으세요.

7 1 : 7 = 3 : ☐

8 2 : 9 = 4 : ☐

9 3 : 4 = ☐ : 12

10 18 : 12 = ☐ : 2

11 54 : 36 = ☐ : 4

12 63 : 72 = 7 : ☐

13 1 : ☐ = 18 : 54

14 ☐ : 28 = 3 : 4

15 8 : ☐ = 16 : 4

16 ☐ : 3 = 4 : 6

17 30 : ☐ = 5 : 2

18 ☐ : 6 = 15 : 18

19 26 : 39 = 2 : ☐

20 34 : 6 = ☐ : 3

✏️ 비례식의 성질을 이용하여 ☐ 안에 알맞은 수를 써넣으세요.

1 $\dfrac{3}{7} : 2 = 3 : ●$

➡ $\dfrac{3}{7} × ● = 2 × 3$

$\dfrac{3}{7} × ● = \boxed{}$

$● = \boxed{} ÷ \dfrac{3}{7}$

$● = \boxed{} × \dfrac{7}{3}$

$● = \boxed{}$

2 $▲ : 5 = \dfrac{2}{5} : \dfrac{1}{4}$

➡ $▲ × \dfrac{1}{4} = 5 × \dfrac{2}{5}$

$▲ × \dfrac{1}{4} = \boxed{}$

$▲ = \boxed{} ÷ \dfrac{1}{4}$

$▲ = \boxed{} × \boxed{}$

$▲ = \boxed{}$

3 $2\dfrac{1}{6} : ■ = 13 : 12$

➡ $■ × 13 = 2\dfrac{1}{6} × 12$

$■ × 13 = \dfrac{\boxed{}}{6} × 12$

$■ × 13 = \boxed{}$

$■ = \boxed{} ÷ 13$

$■ = \boxed{}$

4 $◆ : 8 = 1\dfrac{1}{3} : \dfrac{1}{6}$

➡ $◆ × \dfrac{1}{6} = 8 × 1\dfrac{1}{3}$

$◆ × \dfrac{1}{6} = 8 × \dfrac{\boxed{}}{3}$

$◆ × \dfrac{1}{6} = \dfrac{\boxed{}}{3}$

$◆ = \dfrac{\boxed{}}{3} ÷ \dfrac{1}{6}$

$◆ = \dfrac{\boxed{}}{3} × \boxed{}$

$◆ = \boxed{}$

✏️ ☐ 안에 알맞은 수를 써넣으세요.

5   $10 : 5 = \dfrac{1}{5} : \boxed{}$

12   $\boxed{} : 25 = 1\dfrac{3}{10} : 2\dfrac{1}{2}$

6   $\boxed{} : 6 = 7\dfrac{1}{2} : 9$

13   $50 : \boxed{} = 2 : \dfrac{3}{5}$

7   $\boxed{} : 2 = \dfrac{2}{3} : \dfrac{1}{6}$

14   $3 : 10 = \dfrac{3}{8} : \boxed{}$

8   $9 : 3 = \boxed{} : \dfrac{1}{27}$

15   $15 : \boxed{} = \dfrac{2}{3} : \dfrac{4}{5}$

9   $\dfrac{5}{9} : \dfrac{2}{9} = 40 : \boxed{}$

16   $\boxed{} : 12 = 2 : 1\dfrac{3}{5}$

10   $\boxed{} : 5 = 3 : 2\dfrac{1}{2}$

17   $24 : 6\dfrac{2}{3} = 36 : \boxed{}$

11   $48 : 9 = \boxed{} : \dfrac{3}{5}$

18   $5\dfrac{1}{4} : 1\dfrac{3}{4} = \boxed{} : 1$

스스로 평가 😄 🙂 😞

121

✏️ 비례식의 성질을 이용하여 ☐ 안에 알맞은 수를 써넣으세요.

1 ● : 0.9＝10 : 9

➡ ● ×9＝0.9×10

● ×9＝☐

● ＝☐ ÷9

● ＝☐

2 0.7 : 35＝2 : ▲

➡ 0.7×▲＝35×2

0.7×▲＝70

▲ ＝70÷☐

▲ ＝☐

3 4 : 3.3＝■ : 33

➡ 3.3×■＝4×33

3.3×■ ＝☐

■ ＝☐ ÷3.3

■ ＝☐

4 2 : ◆＝0.4 : 0.6

➡ ◆ ×0.4＝2×0.6

◆ ×0.4＝☐

◆ ＝☐ ÷0.4

◆ ＝☐

5 ★ : 5＝3.2 : 2

➡ ★ ×2＝5×3.2

★ ×2＝☐

★ ＝☐ ÷2

★ ＝☐

6 24 : 9＝◈ : 1.2

➡ 9×◈＝24×1.2

9×◈ ＝☐

◈ ＝☐ ÷9

◈ ＝☐

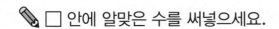
□ 안에 알맞은 수를 써넣으세요.

7 4 : □ =12 : 5.7

14 □ : 20=0.28 : 8

8 4 : 3=4.4 : □

15 1.2 : 4=6 : □

9 6 : 4=□ : 1.2

16 1.4 : 2.52=□ : 9

10 22 : □ =1.1 : 2.4

17 5 : □ =6 : 4.8

11 □ : 3=2 : 1.5

18 □ : 0.64=6 : 8

12 □ : 1.5=6 : 3

19 0.95 : □ =19 : 11

13 □ : 2.4=35 : 12

20 12 : 8=0.24 : □

스스로
평가

123

비례식

✏️ □ 안에 알맞은 수를 써넣으세요.

1 $1 : 4 = \boxed{} : 12$

2 $2 : 9 = 14 : \boxed{}$

3 $1\frac{5}{6} : 2 = \boxed{} : 12$

4 $4 : \boxed{} = 20 : 3$

5 $5 : 7 = 2\frac{6}{7} : \boxed{}$

6 $1.4 : 3 = \boxed{} : 15$

7 $2 : 1 = \boxed{} : 2.5$

8 $3 : 20 = 3.9 : \boxed{}$

9 $7 : 5 = \boxed{} : 4$

10 $6 : 10 = \frac{3}{8} : \boxed{}$

11 $16 : 27 = \boxed{} : 1.35$

12 $0.24 : 0.6 = 4 : \boxed{}$

13 $\boxed{} : 12 = 2 : 1\frac{3}{5}$

14 $90 : \boxed{} = 15 : 13$

✏️ □ 안에 알맞은 수를 써넣으세요.

15 $110 : 99 = 10 : \boxed{}$

16 $15 : \boxed{} = \dfrac{2}{3} : \dfrac{4}{5}$

17 $\boxed{} : 11 = 0.84 : 1.32$

18 $42 : 36 = \boxed{} : 12$

19 $3 : 7 = 12 : \boxed{}$

20 $0.9 : 2 = 9 : \boxed{}$

21 $3\dfrac{1}{3} : 5 = \boxed{} : 3$

22 $7 : \boxed{} = 2\dfrac{1}{3} : 2$

23 $3.5 : \boxed{} = 5 : 3$

24 $\boxed{} : 3.2 = 5 : 16$

25 $8 : 35 = 3\dfrac{3}{7} : \boxed{}$

26 $2\dfrac{1}{2} : 1\dfrac{12}{13} = 26 : \boxed{}$

27 $6 : 2\dfrac{2}{11} = 11 : \boxed{}$

28 $1\dfrac{1}{3} : 7 = 1\dfrac{1}{7} : \boxed{}$

스스로 평가 😄 🙂 ☹️

125

5일 응용 비례식

✏️ □ 안에 알맞은 수를 써넣으세요.

1 $3 : 5 = 18 : \boxed{}$

2 $12 : 9 = \boxed{} : 3$

3 $6 : \dfrac{4}{7} = \boxed{} : 2$

4 $\boxed{} : 10 = 3.6 : 9$

5 $4\dfrac{1}{2} : \boxed{} = 3 : 4$

6 $3 : \boxed{} = 5.4 : 0.18$

7 $5 : 8 = \boxed{} : 3.2$

8 $27 : 60 = 9 : \boxed{}$

9 $4.8 : \boxed{} = 6 : 7$

10 $\dfrac{10}{11} : 5 = 2 : \boxed{}$

11 $5\dfrac{2}{3} : \boxed{} = 17 : 21$

12 $6\dfrac{3}{5} : 5 = \boxed{} : 25$

13 $0.56 : 7 = \boxed{} : 25$

14 $320 : \boxed{} = 20 : 3$

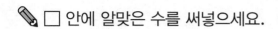 □ 안에 알맞은 수를 써넣으세요.

15 $1.4 : 2.52 = \boxed{} : 9$

16 $75 : 27 = \boxed{} : 9$

17 $4 : \boxed{} = 20 : 14$

18 $\dfrac{5}{9} : \dfrac{2}{9} = 40 : \boxed{}$

19 $32 : 10 = 16 : \boxed{}$

20 $2 : 9 = 2.6 : \boxed{}$

21 $5\dfrac{2}{3} : 6 = \boxed{} : 18$

22 $\dfrac{3}{13} : \boxed{} = 3 : 26$

23 $4.6 : 1.2 = \boxed{} : 2$

24 $4\dfrac{4}{7} : 1\dfrac{1}{7} = 4 : \boxed{}$

25 $0.52 : 4 = \boxed{} : 100$

26 $3\dfrac{6}{25} : 1 = \boxed{} : 25$

27 $\boxed{} : 4 = 7 : 32$

28 $1.32 : 1 = \boxed{} : 25$

✏️ 두 학생이 들고 있는 비의 비율은 같습니다. 비례식을 세워 ★의 값을 구해 보세요.

$$\boxed{} : \boxed{} = \boxed{} : ★$$

$$★ = \boxed{}$$

$$\boxed{} : \boxed{} = ★ : \boxed{}$$

$$★ = \boxed{}$$

오늘은 축구 경기가 있는 날입니다. 민지와 친구들은 태극기를 만들어 거리 응원을 가려고 합니다. 태극기의 가로와 세로의 비는 3 : 2이고, 태극기의 세로를 84 cm로 만든다면 가로는 몇 cm가 되나요?

태극기의 세로를 84 cm로 만들자!

태극기의 가로의 길이를 ▲로 놓고 비례식을 세우면

3 : 2 = ▲ : ☐ 입니다.

➡ 태극기의 가로는 ☐ cm가 됩니다.

비례배분

수지와 정훈이는 현장 학습으로 과수원에 가서 사과 20개를 땄습니다. 수지와 정훈이는 딴 사과를 3 : 2의 비로 나누어 가지려고 합니다. 수지와 정훈이는 사과를 몇 개씩 가져야 하나요?

사과를 수지는 전체의 $\dfrac{3}{3+2}$ 을, 정훈이는 전체의 $\dfrac{2}{3+2}$ 를 갖게 됩니다.

수지와 정훈이가 가져야 하는 사과는 각각 몇 개인지 알아봅니다.

수지: $20 \times \dfrac{3}{3+2} = 20 \times \dfrac{3}{5} = 12$(개)

정훈: $20 \times \dfrac{2}{3+2} = 20 \times \dfrac{2}{5} = 8$(개)

$20 \times \dfrac{3}{3+2} = 12$, $20 \times \dfrac{2}{3+2} = 8$이므로

사과를 수지는 12개, 정훈이는 8개 가져야 해요.

 학습계획

일차	1일학습	2일학습	3일학습	4일학습	5일학습
공부할 날	월 일	월 일	월 일	월 일	월 일

✅ 비례배분

- 전체를 주어진 비로 배분하는 것을 **비례배분**이라고 합니다.
- 야구공 9개를 형과 동생에게 2 : 1로 배례배분하기

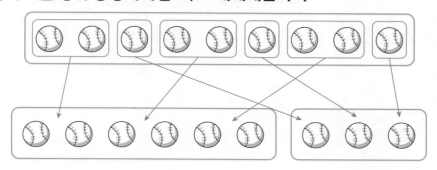

형: $9 \times \dfrac{2}{2+1} = 9 \times \dfrac{2}{3} = 6$(개)

동생: $9 \times \dfrac{1}{2+1} = 9 \times \dfrac{1}{3} = 3$(개)

▲를 ■ : ★로 비례배분하면

$▲ \times \dfrac{■}{■+★}$, $▲ \times \dfrac{★}{■+★}$ 이에요.

참고 연비로 비례배분

- 사탕 12개를 준영, 선아, 찬우에게 3 : 2 : 1로 비례배분하기

준영: $12 \times \dfrac{3}{3+2+1} = 12 \times \dfrac{3}{6} = 6$(개)

선아: $12 \times \dfrac{2}{3+2+1} = 12 \times \dfrac{2}{6} = 4$(개)

찬우: $12 \times \dfrac{1}{3+2+1} = 12 \times \dfrac{1}{6} = 2$(개)

▲를 ■ : ★ : ●로 비례배분하면

$▲ \times \dfrac{■}{■+★+●}$, $▲ \times \dfrac{★}{■+★+●}$, $▲ \times \dfrac{●}{■+★+●}$ 예요.

 수를 주어진 비로 비례배분하세요.

1 6을 1 : 2로 비례배분

$$6 \times \frac{1}{1+2} = \boxed{}$$

$$6 \times \frac{2}{1+2} = \boxed{}$$

➡ _____ , _____

2 9를 2 : 1로 비례배분

$$9 \times \frac{2}{2+1} = \boxed{}$$

$$9 \times \frac{1}{2+1} = \boxed{}$$

➡ _____ , _____

3 10을 4 : 1로 비례배분

$$10 \times \frac{4}{4+1} = \boxed{}$$

$$10 \times \frac{1}{4+1} = \boxed{}$$

➡ _____ , _____

4 15를 1 : 4로 비례배분

$$15 \times \frac{1}{1+4} = \boxed{}$$

$$15 \times \frac{4}{1+4} = \boxed{}$$

➡ _____ , _____

5 20을 3 : 1로 비례배분

$$20 \times \frac{3}{3+1} = \boxed{}$$

$$20 \times \frac{1}{3+1} = \boxed{}$$

➡ _____ , _____

6 24를 5 : 1로 비례배분

$$24 \times \frac{5}{5+1} = \boxed{}$$

$$24 \times \frac{1}{5+1} = \boxed{}$$

➡ _____ , _____

✏️ 수를 주어진 비로 비례배분하세요.

7 12를 3 : 1로 비례배분

$$12 \times \frac{3}{3+1} = \boxed{}$$

$$12 \times \frac{1}{3+1} = \boxed{}$$

➡ _____ , _____

10 10을 2 : 3으로 비례배분

$$10 \times \frac{2}{2+3} = \boxed{}$$

$$10 \times \frac{3}{2+3} = \boxed{}$$

➡ _____ , _____

10주

8 28을 5 : 2로 비례배분

$$28 \times \frac{5}{5+2} = \boxed{}$$

$$28 \times \frac{2}{5+2} = \boxed{}$$

➡ _____ , _____

11 70을 3 : 4로 비례배분

$$70 \times \frac{3}{3+4} = \boxed{}$$

$$70 \times \frac{4}{3+4} = \boxed{}$$

➡ _____ , _____

9 18을 1 : 5로 비례배분

$$18 \times \frac{1}{1+5} = \boxed{}$$

$$18 \times \frac{5}{1+5} = \boxed{}$$

➡ _____ , _____

12 16을 1 : 3으로 비례배분

$$16 \times \frac{1}{1+3} = \boxed{}$$

$$16 \times \frac{3}{1+3} = \boxed{}$$

➡ _____ , _____

스스로 평가 😆 🙂 😞

133

✏️ 수를 주어진 비로 비례배분하세요.

1 14를 3 : 4로 비례배분

$$14 \times \frac{3}{3+4} = \boxed{}$$

$$14 \times \frac{4}{3+4} = \boxed{}$$

➡ _____ , _____

4 28을 3 : 1로 비례배분

$$28 \times \frac{3}{3+1} = \boxed{}$$

$$28 \times \frac{1}{3+1} = \boxed{}$$

➡ _____ , _____

2 15를 3 : 2로 비례배분

$$15 \times \frac{3}{3+2} = \boxed{}$$

$$15 \times \frac{2}{3+2} = \boxed{}$$

➡ _____ , _____

5 48을 1 : 2로 비례배분

$$48 \times \frac{1}{1+2} = \boxed{}$$

$$48 \times \frac{2}{1+2} = \boxed{}$$

➡ _____ , _____

3 25를 4 : 1로 비례배분

$$25 \times \frac{4}{4+1} = \boxed{}$$

$$25 \times \frac{1}{4+1} = \boxed{}$$

➡ _____ , _____

6 56을 3 : 5로 비례배분

$$56 \times \frac{3}{3+5} = \boxed{}$$

$$56 \times \frac{5}{3+5} = \boxed{}$$

➡ _____ , _____

✎ 수를 주어진 비로 비례배분하세요.

7 63을 4 : 5로 비례배분

$63 \times \dfrac{4}{4+5} = \boxed{}$

$63 \times \dfrac{5}{4+5} = \boxed{}$

➡ _____, _____

10 72를 5 : 3으로 비례배분

$72 \times \dfrac{5}{5+3} = \boxed{}$

$72 \times \dfrac{3}{5+3} = \boxed{}$

➡ _____, _____

10
주

8 21을 2 : 1로 비례배분

$21 \times \dfrac{2}{2+1} = \boxed{}$

$21 \times \dfrac{1}{2+1} = \boxed{}$

➡ _____, _____

11 35를 3 : 2로 비례배분

$35 \times \dfrac{3}{3+2} = \boxed{}$

$35 \times \dfrac{2}{3+2} = \boxed{}$

➡ _____, _____

9 26을 5 : 8로 비례배분

$26 \times \dfrac{5}{5+8} = \boxed{}$

$26 \times \dfrac{8}{5+8} = \boxed{}$

➡ _____, _____

12 36을 2 : 7로 비례배분

$36 \times \dfrac{2}{2+7} = \boxed{}$

$36 \times \dfrac{7}{2+7} = \boxed{}$

➡ _____, _____

스스로
평가 😆 🙂 😟

도전! 15분!

✏️ ☐ 안의 수를 주어진 비로 비례배분하여 (,) 안에 써넣으세요.

1 ☐ 3 1 : 2 ➡ (,   )   8 ☐ 22 3 : 8 ➡ (,   )

2 ☐ 5 2 : 3 ➡ (,   )   9 ☐ 24 7 : 5 ➡ (,   )

3 ☐ 6 2 : 1 ➡ (,   )   10 ☐ 25 2 : 3 ➡ (,   )

4 ☐ 9 1 : 2 ➡ (,   )   11 ☐ 34 8 : 9 ➡ (,   )

5 ☐ 12 5 : 1 ➡ (,   )   12 ☐ 36 5 : 4 ➡ (,   )

6 ☐ 15 7 : 8 ➡ (,   )   13 ☐ 40 1 : 7 ➡ (,   )

7 ☐ 16 3 : 5 ➡ (,   )   14 ☐ 48 5 : 3 ➡ (,   )

✏️ ☐ 안의 수를 주어진 비로 비례배분하여 (,) 안에 써넣으세요.

15 ☐ 51 ☐ 10 : 7 ➡ (,)

22 ☐ 81 ☐ 4 : 5 ➡ (,)

10
주

16 ☐ 56 ☐ 5 : 2 ➡ (,)

23 ☐ 87 ☐ 13 : 16 ➡ (,)

17 ☐ 62 ☐ 15 : 16 ➡ (,)

24 ☐ 112 ☐ 9 : 7 ➡ (,)

18 ☐ 64 ☐ 1 : 3 ➡ (,)

25 ☐ 152 ☐ 10 : 9 ➡ (,)

19 ☐ 72 ☐ 2 : 7 ➡ (,)

26 ☐ 207 ☐ 16 : 7 ➡ (,)

20 ☐ 75 ☐ 11 : 4 ➡ (,)

27 ☐ 243 ☐ 1 : 2 ➡ (,)

21 ☐ 78 ☐ 5 : 8 ➡ (,)

28 ☐ 294 ☐ 3 : 4 ➡ (,)

스스로 평가 😄 🙂 😞

✎ ⬜ 안의 수를 주어진 비로 비례배분하여 (,) 안에 써넣으세요.

1   6   5 : 1 ➡ (,)   8   21   5 : 2 ➡ (,)

2   8   3 : 5 ➡ (,)   9   24   7 : 5 ➡ (,)

3   12   1 : 3 ➡ (,)   10   26   6 : 7 ➡ (,)

4   14   4 : 3 ➡ (,)   11   28   3 : 4 ➡ (,)

5   16   1 : 7 ➡ (,)   12   30   1 : 2 ➡ (,)

6   18   2 : 1 ➡ (,)   13   32   9 : 7 ➡ (,)

7   20   3 : 2 ➡ (,)   14   35   2 : 3 ➡ (,)

✏️ ☐ 안의 수를 주어진 비로 비례배분하여 (,) 안에 써넣으세요.

10주

15 [44] 5 : 6 ➡ (,)   22 [88] 6 : 5 ➡ (,)

16 [52] 6 : 7 ➡ (,)   23 [105] 7 : 8 ➡ (,)

17 [63] 3 : 4 ➡ (,)   24 [120] 11 : 4 ➡ (,)

18 [70] 7 : 3 ➡ (,)   25 [128] 3 : 5 ➡ (,)

19 [81] 1 : 8 ➡ (,)   26 [140] 13 : 7 ➡ (,)

20 [80] 2 : 3 ➡ (,)   27 [228] 10 : 9 ➡ (,)

21 [84] 13 : 8 ➡ (,)   28 [231] 16 : 5 ➡ (,)

스스로 평가 😄 🙂 😞

✏️ ◯ 안의 수를 주어진 비로 비례배분하여 □ 안에 써넣으세요.

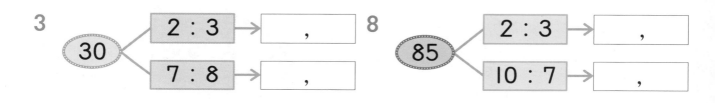

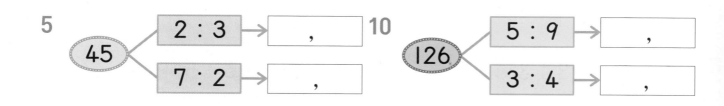

✏ ◯ 안의 수를 주어진 비로 비례배분하여 ☐ 안에 써넣으세요.

11 ☐ , ☐ ← 7 : 5 ← (144) → 1 : 5 → ☐ , ☐

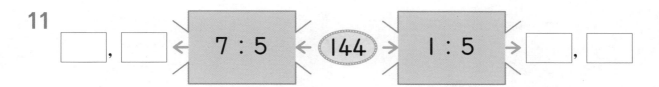

12 ☐ , ☐ ← 7 : 3 ← (200) → 3 : 2 → ☐ , ☐

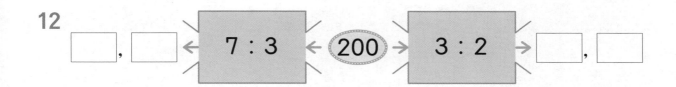

13 ☐ , ☐ ← 1 : 5 ← (60) → 7 : 5 → ☐ , ☐

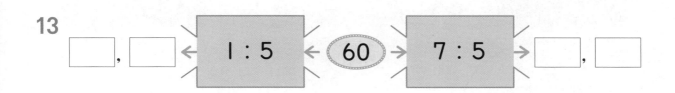

14 ☐ , ☐ ← 4 : 5 ← (81) → 13 : 14 → ☐ , ☐

15 ☐ , ☐ ← 4 : 11 ← (180) → 2 : 7 → ☐ , ☐

16 ☐ , ☐ ← 7 : 5 ← (300) → 13 : 7 → ☐ , ☐

스스로 평가 😄 🙂 😣

✏️ 옛날에 사이좋은 형제가 살고 있었습니다. 형제는 함께 농사를 지어 올해 쌀 420 kg을 수확했습니다. 다음을 보고 형제가 쌀을 몇 kg씩 나누어 가지면 되는지 구해 보세요.

형: $420 \times \dfrac{\boxed{}}{4+3} = \boxed{}$ (kg)

동생: $420 \times \dfrac{\boxed{}}{4+3} = \boxed{}$ (kg)

담벼락에 낙서가 많아 호영이가 엄마, 아빠와 함께 페인트를 칠하려고 합니다. 담벼락의 넓이는 $90 \, m^2$이고 아빠, 엄마, 호영이가 $4:3:2$의 비로 담벼락을 칠하려고 할 때, 각각 몇 m^2씩 칠해야 하나요?

(아빠) : (엄마) : (호영) $= 4 : 3 : 2$이므로

90을 $4 : 3 : 2$로 비례배분합니다.

아빠는 ☐ m^2, 엄마는 ☐ m^2, 호영이는 ☐ m^2를 칠해야 합니다.

12권 ㅣ 분수, 소수의 나눗셈 (2) / 비례식		일차	표준 시간	문제 개수
1주	(진분수)÷(진분수)	1일차	20분	42개
		2일차	20분	42개
		3일차	20분	42개
		4일차	20분	42개
		5일차	15분	16개
2주	(자연수)÷(분수)	1일차	20분	42개
		2일차	20분	42개
		3일차	20분	42개
		4일차	20분	42개
		5일차	12분	20개
3주	(대분수)÷(대분수)	1일차	22분	42개
		2일차	22분	42개
		3일차	22분	42개
		4일차	22분	42개
		5일차	13분	20개
4주	자릿수가 같은 두 소수의 나눗셈	1일차	9분	21개
		2일차	9분	18개
		3일차	12분	24개
		4일차	12분	24개
		5일차	14분	18개
5주	자릿수가 다른 두 소수의 나눗셈	1일차	10분	18개
		2일차	10분	18개
		3일차	13분	24개
		4일차	13분	24개
		5일차	10분	20개
6주	(자연수)÷(소수)	1일차	12분	23개
		2일차	12분	23개
		3일차	15분	29개
		4일차	15분	30개
		5일차	15분	18개
7주	나머지 구하기 / 몫을 반올림하여 나타내기	1일차	10분	24개
		2일차	13분	30개
		3일차	11분	16개
		4일차	14분	18개
		5일차	16분	16개
8주	가장 간단한 자연수의 비로 나타내기	1일차	8분	24개
		2일차	8분	21개
		3일차	8분	20개
		4일차	8분	22개
		5일차	12분	28개
9주	비례식	1일차	10분	20개
		2일차	12분	18개
		3일차	12분	20개
		4일차	16분	28개
		5일차	16분	28개
10주	비례배분	1일차	6분	12개
		2일차	6분	12개
		3일차	15분	28개
		4일차	15분	28개
		5일차	18분	16개

자기 주도 학습력을 높이는
1일 10분 습관의 힘

1일10분

초등 메가 계산력

12권

초등 **6**학년

분수, 소수의 나눗셈 (2) / 비례식

정답

메가스터디BOOKS

1일 10분

자기 주도 학습력을 높이는
1일 10분 습관의 힘

초등 메가 계산력

12권

초등 6학년

분수, 소수의 나눗셈 (2) / 비례식

정답

메가 계산력 이것이 다릅니다!

수학, 왜 어려워할까요?

자연수

쉽게 느끼는 영역	어렵게 느끼는 영역
작은 수	큰 수
덧셈	뺄셈
덧셈, 뺄셈	곱셈, 나눗셈
곱셈	나눗셈
세 수의 덧셈, 세 수의 뺄셈	세 수의 덧셈과 뺄셈 혼합 계산
사칙연산의 혼합 계산	괄호를 포함한 혼합 계산

분수와 소수

쉽게 느끼는 영역	어렵게 느끼는 영역
배수	약수
통분	약분
소수의 덧셈, 뺄셈	분수의 덧셈, 뺄셈
분수의 곱셈, 나눗셈	소수의 곱셈, 나눗셈
분수의 곱셈과 나눗셈의 혼합계산	소수의 곱셈과 나눗셈의 혼합계산
사칙연산의 혼합 계산	괄호를 포함한 혼합 계산

아이들은 수와 연산을 습득하면서 나름의 난이도 기준이 생깁니다. 이때 '수학은 어려운 과목 또는 지루한 과목'이라는 덫에 한번 걸리면 트라우마가 되어 그 덫에서 벗어나기가 굉장히 어려워집니다.

"수학의 기본인 계산력이 부족하기 때문입니다."

계산력, "플로 스몰 스텝"으로 키운다!

1일 10분 초등 메가 계산력은 반복 학습 시스템 **"플로 스몰 스텝(flow small step)"**으로 구성하였습니다. **"플로 스몰 스텝(flow small step)"**이란, 학습 내용을 잘게 쪼개어 자연스럽게 단계를 밟아가며 학습하도록 하는 프로그램입니다. 이 방식에 따라 학습하다 보면 난이도가 높아지더라도 크게 어려움을 느끼지 않으면서 수학의 개념과 원리를 자연스럽게 깨우치게 되고, 수학을 어렵거나 지루한 과목이라고 느끼지 않게 됩니다.

1. 매일 꾸준히 하는 것이 중요합니다.

자전거 타는 방법을 한번 익히면 잘 잊어버리지 않습니다. 이것을 우리는 '체화되었다'라고 합니다. 자전거를 잘 타게 될 때까지 매일 넘어지고, 다시 달리고를 반복하기 때문입니다. 계산력도 마찬가지입니다.

계산의 원리와 순서를 이해해도 꾸준히 학습하지 않으면 바로 잊어버리기 쉽습니다. 계산을 잘하는 아이들은 문제 풀이 속도도 빠르고, 실수도 적습니다. 그것은 단기간에 얻을 수 있는 결과가 아닙니다. 지금 현재 잘하는 것처럼 보인다고 시간이 흐른 후에도 잘하는 것이 아닙니다. 자전거 타기가 완전히 체화되어서 자연스럽게 달리고 멈추기를 실수 없이 하게 될 때까지 매일 연습하듯, 계산력도 매일 꾸준히 연습해서 단련해야 합니다.

2. 빠른 것보다 정확하게 푸는 것이 중요합니다!

초등 교과 과정의 수학 교과서 "수와 연산" 영역에서는 문제에 대한 다양한 풀이법을 요구하고 있습니다. 왜 그럴까요?

기계적인 단순 반복 계산 훈련을 막기 위해서라기보다 더욱 빠르고 정확하게 문제를 해결하는 계산력 향상을 위해서입니다. 빠르고 정확한 계산을 하는 셈 방법에는 머리셈과 필산이 있습니다. 이제까지의 계산력 훈련으로는 손으로 직접 쓰는 필산만이 중요시되었습니다. 하지만 새 교육과정에서는 필산과 함께 머리셈을 더욱 강조하고 있으며 아이들에게도 이는 재미있는 도전이 될 것입니다. 그렇다고 해서 머리셈을 위한 계산 개념을 따로 공부해야 하는 것이 아닙니다. 체계적인 흐름에 따라 문제를 풀면서 자연스럽게 습득할 수 있어야 합니다.

초등 교과 과정에 맞춰 체계화된 1일 10분 초등 메가 계산력의 **"플로 스몰 스텝(flow small step)"** 프로그램으로 계산력을 키워 주세요.

계산력 향상은 중 · 고등 수학까지 연결되는 사고력 확장의 단단한 바탕입니다.

1일

6쪽
1. 3
2. 2
3. 2
4. 5
5. 4
6. 3
7. 4
8. $1\frac{2}{5}$
9. $2\frac{1}{2}$
10. $5\frac{1}{2}$
11. $1\frac{2}{3}$
12. $2\frac{1}{17}$
13. $1\frac{1}{2}$
14. $2\frac{2}{7}$
15. 7
16. $2\frac{1}{5}$
17. 4
18. $4\frac{2}{3}$
19. 5
20. 3
21. $4\frac{5}{6}$

7쪽
22. $2\frac{2}{3}$
23. $\frac{3}{5}$
24. 2
25. $\frac{27}{35}$
26. $2\frac{1}{12}$
27. $\frac{14}{15}$
28. $7\frac{1}{2}$
29. $1\frac{1}{15}$
30. $\frac{26}{27}$
31. $\frac{24}{25}$
32. $1\frac{7}{20}$
33. $\frac{28}{33}$
34. $1\frac{3}{32}$
35. $\frac{42}{65}$
36. $\frac{4}{5}$
37. $1\frac{1}{2}$
38. 2
39. $\frac{9}{16}$
40. $\frac{26}{45}$
41. $\frac{11}{24}$
42. $1\frac{1}{2}$

2일

8쪽
1. 5
2. 3
3. 5
4. 5
5. 3
6. 2
7. 4
8. $1\frac{3}{4}$
9. $1\frac{3}{4}$
10. $1\frac{1}{7}$
11. $5\frac{1}{2}$
12. $1\frac{4}{5}$
13. $2\frac{1}{2}$
14. $1\frac{6}{7}$
15. $1\frac{1}{3}$
16. 4
17. 8
18. $3\frac{3}{7}$
19. $1\frac{1}{8}$
20. $\frac{1}{6}$
21. $1\frac{1}{6}$

9쪽
22. 12
23. $1\frac{1}{8}$
24. $\frac{60}{77}$
25. $\frac{2}{3}$
26. $3\frac{3}{4}$
27. $\frac{3}{8}$
28. $3\frac{1}{2}$
29. $1\frac{1}{6}$
30. $3\frac{1}{8}$
31. $3\frac{6}{7}$
32. $2\frac{1}{8}$
33. $\frac{5}{6}$
34. 8
35. 2
36. $1\frac{1}{14}$
37. $\frac{5}{7}$
38. $1\frac{4}{11}$
39. $2\frac{4}{9}$
40. $\frac{21}{26}$
41. $1\frac{7}{27}$
42. $\frac{7}{16}$

3일

10쪽
1. 4
2. 5
3. $2\frac{1}{3}$
4. $\frac{15}{32}$
5. $1\frac{1}{3}$
6. 3
7. $1\frac{3}{4}$
8. 2
9. $2\frac{2}{5}$
10. 8
11. $1\frac{1}{15}$
12. 3
13. $\frac{25}{77}$
14. 2
15. $1\frac{1}{4}$
16. $1\frac{6}{7}$
17. $1\frac{8}{27}$
18. $2\frac{4}{5}$
19. $\frac{5}{16}$
20. $\frac{2}{3}$
21. 4

11쪽
22. $4\frac{2}{3}$
23. $\frac{48}{49}$
24. $\frac{4}{5}$
25. $2\frac{1}{2}$
26. $2\frac{1}{3}$
27. $1\frac{2}{5}$
28. $\frac{19}{22}$
29. $1\frac{2}{3}$
30. $1\frac{1}{5}$
31. $\frac{32}{63}$
32. 5
33. $4\frac{1}{2}$
34. 5
35. $\frac{16}{23}$
36. 3
37. 4
38. $\frac{14}{15}$
39. $\frac{7}{10}$
40. $1\frac{7}{9}$
41. $1\frac{11}{21}$
42. $1\frac{37}{54}$

4일

1 4	8 $\frac{12}{25}$	15 $3\frac{2}{3}$
2 $1\frac{1}{20}$	9 3	16 $\frac{5}{11}$
3 $1\frac{1}{7}$	10 $\frac{8}{9}$	17 $1\frac{19}{21}$
4 $1\frac{5}{9}$	11 $1\frac{1}{4}$	18 $1\frac{1}{2}$
5 $\frac{45}{46}$	12 $2\frac{2}{7}$	19 $\frac{3}{16}$
6 $2\frac{2}{3}$	13 $\frac{3}{8}$	20 2
7 4	14 $1\frac{1}{3}$	21 $1\frac{9}{16}$

22 2	29 $\frac{5}{14}$	36 5
23 3	30 $2\frac{1}{4}$	37 $1\frac{2}{3}$
24 $\frac{27}{112}$	31 4	38 $4\frac{2}{3}$
25 $1\frac{4}{9}$	32 $\frac{15}{28}$	39 $1\frac{1}{6}$
26 $\frac{6}{7}$	33 3	40 3
27 $2\frac{1}{2}$	34 $\frac{3}{8}$	41 $1\frac{1}{15}$
28 $1\frac{2}{3}$	35 $2\frac{11}{14}$	42 $2\frac{16}{17}$

5일

1 2	6 $\frac{27}{32}$
2 3	7 $2\frac{2}{3}$
3 $1\frac{1}{3}$	8 $1\frac{4}{9}$
4 5	9 3
5 $\frac{36}{37}$	10 $1\frac{1}{2}$

(위에서부터)

11   4 / $\frac{15}{49}$ / 2, $\frac{15}{98}$ 14 $\frac{5}{7}$ / $\frac{17}{63}$ / $2\frac{1}{2}$, $\frac{17}{18}$

12   2 / $3\frac{13}{21}$ / $\frac{14}{19}$, $1\frac{1}{3}$ 15   4 / 4 / $\frac{28}{135}$, $\frac{28}{135}$

13   3 / $\frac{27}{35}$ / $2\frac{1}{7}$, $\frac{27}{49}$ 16 $\frac{5}{6}$ / $\frac{5}{14}$ / $4\frac{4}{27}$, $1\frac{7}{9}$

생각 수학

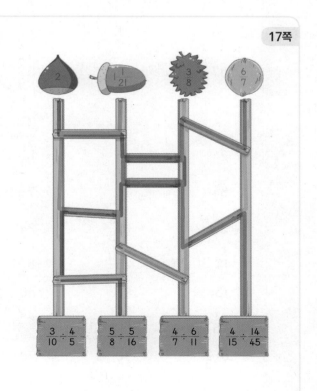

5

1일

1	6	8	$\frac{7}{8}$	15	$11\frac{1}{5}$
2	24	9	49	16	$4\frac{1}{2}$
3	$7\frac{1}{2}$	10	$5\frac{1}{5}$	17	50
4	2	11	126	18	$31\frac{1}{2}$
5	$30\frac{2}{3}$	12	45	19	44
6	20	13	6	20	$4\frac{1}{2}$
7	15	14	25	21	26

22	$5\frac{5}{7}$	29	76	36	39
23	75	30	5	37	176
24	$11\frac{1}{4}$	31	$21\frac{3}{7}$	38	25
25	$23\frac{1}{3}$	32	$14\frac{2}{5}$	39	$4\frac{1}{6}$
26	$29\frac{1}{4}$	33	$\frac{2}{3}$	40	135
27	$16\frac{1}{2}$	34	9	41	12
28	$4\frac{7}{8}$	35	150	42	120

2일

1	$24\frac{1}{2}$	8	64	15	$5\frac{2}{3}$
2	12	9	13	16	$14\frac{2}{5}$
3	20	10	$5\frac{3}{4}$	17	$4\frac{4}{5}$
4	$22\frac{1}{2}$	11	27	18	$10\frac{1}{2}$
5	24	12	90	19	$5\frac{1}{5}$
6	50	13	$1\frac{1}{9}$	20	$3\frac{1}{2}$
7	$67\frac{1}{2}$	14	$17\frac{1}{2}$	21	$5\frac{2}{5}$

22	$11\frac{1}{5}$	29	64	36	$19\frac{2}{7}$
23	$6\frac{3}{4}$	30	6	37	4
24	$8\frac{4}{7}$	31	$23\frac{1}{4}$	38	63
25	$2\frac{4}{5}$	32	35	39	$3\frac{1}{2}$
26	$9\frac{1}{3}$	33	$62\frac{1}{2}$	40	40
27	$9\frac{1}{7}$	34	$2\frac{1}{4}$	41	$3\frac{1}{2}$
28	46	35	48	42	95

3일

1	24	8	85	15	$1\frac{1}{2}$
2	54	9	$3\frac{1}{3}$	16	$7\frac{1}{2}$
3	25	10	$16\frac{4}{5}$	17	34
4	$17\frac{1}{7}$	11	$25\frac{1}{3}$	18	$8\frac{1}{4}$
5	15	12	98	19	50
6	$1\frac{1}{5}$	13	$10\frac{1}{8}$	20	$8\frac{2}{5}$
7	$61\frac{1}{3}$	14	70	21	70

22	$3\frac{9}{17}$	29	$10\frac{2}{5}$	36	$25\frac{1}{3}$
23	$6\frac{2}{3}$	30	48	37	24
24	$31\frac{1}{5}$	31	$4\frac{1}{2}$	38	$4\frac{1}{2}$
25	$3\frac{1}{9}$	32	4	39	110
26	46	33	$13\frac{1}{2}$	40	$3\frac{3}{5}$
27	$14\frac{2}{5}$	34	$23\frac{1}{3}$	41	121
28	$43\frac{1}{3}$	35	126	42	14

4일

1 62
2 32
3 6
4 $1\frac{9}{16}$
5 64
6 $\frac{12}{13}$
7 56
8 $4\frac{9}{10}$
9 48
10 130
11 18
12 $9\frac{3}{5}$
13 $24\frac{1}{2}$
14 80
15 $20\frac{5}{7}$
16 $5\frac{1}{3}$
17 $6\frac{1}{2}$
18 10
19 $9\frac{5}{8}$
20 $10\frac{5}{8}$
21 84
22 $38\frac{1}{4}$
23 $28\frac{1}{3}$
24 12
25 $3\frac{1}{2}$
26 32
27 48
28 $14\frac{1}{2}$
29 $11\frac{1}{3}$
30 10
31 45
32 $5\frac{1}{3}$
33 64
34 $26\frac{1}{4}$
35 183
36 $5\frac{5}{6}$
37 $28\frac{1}{2}$
38 25
39 $3\frac{6}{7}$
40 42
41 $3\frac{1}{3}$
42 12

5일

1 6
2 70
3 $21\frac{1}{3}$
4 39
5 $4\frac{4}{5}$
6 49
7 $2\frac{1}{4}$
8 49
9 15
10 $2\frac{2}{3}$
11 $7\frac{1}{2}$
12 108
13 $7\frac{13}{16}$
14 360
15 24
16 $52\frac{1}{2}$
17 6
18 6
19 $16\frac{2}{3}$
20 $1\frac{1}{2}$

생각 수학

1일

34쪽 · 35쪽

1 $2\frac{5}{8}$	8 $\frac{10}{49}$	15 $11\frac{2}{3}$	22 $1\frac{1}{5}$	29 $\frac{15}{16}$	36 $7\frac{1}{2}$
2 $2\frac{7}{9}$	9 $1\frac{7}{9}$	16 $\frac{1}{2}$	23 $2\frac{2}{9}$	30 $3\frac{15}{17}$	37 $5\frac{1}{4}$
3 $8\frac{4}{5}$	10 $2\frac{2}{5}$	17 $1\frac{1}{2}$	24 $6\frac{2}{3}$	31 $2\frac{30}{77}$	38 $\frac{42}{125}$
4 $\frac{10}{117}$	11 $\frac{27}{56}$	18 $\frac{6}{7}$	25 $2\frac{1}{6}$	32 $\frac{5}{12}$	39 2
5 $\frac{3}{4}$	12 $\frac{19}{26}$	19 $7\frac{1}{2}$	26 $2\frac{1}{4}$	33 $4\frac{2}{13}$	40 $\frac{1}{2}$
6 $8\frac{1}{3}$	13 $4\frac{4}{5}$	20 $12\frac{2}{3}$	27 $\frac{9}{14}$	34 $1\frac{1}{14}$	41 $2\frac{1}{2}$
7 $\frac{8}{15}$	14 40	21 4	28 $1\frac{13}{14}$	35 $3\frac{15}{16}$	42 5

2일

36쪽 · 37쪽

1 $2\frac{2}{9}$	8 $5\frac{4}{7}$	15 $\frac{9}{14}$	22 $3\frac{3}{4}$	29 $\frac{7}{12}$	36 $1\frac{15}{16}$
2 $\frac{1}{6}$	9 $\frac{7}{104}$	16 $10\frac{1}{2}$	23 $\frac{15}{121}$	30 $1\frac{5}{34}$	37 $1\frac{17}{18}$
3 $4\frac{2}{7}$	10 $5\frac{1}{3}$	17 $\frac{35}{132}$	24 $\frac{35}{52}$	31 $1\frac{1}{4}$	38 $6\frac{1}{6}$
4 $12\frac{2}{3}$	11 $\frac{10}{39}$	18 $5\frac{1}{4}$	25 $\frac{19}{40}$	32 $4\frac{1}{2}$	39 $3\frac{1}{29}$
5 $\frac{1}{6}$	12 $\frac{2}{3}$	19 $2\frac{1}{10}$	26 $2\frac{2}{7}$	33 4	40 $1\frac{2}{3}$
6 2	13 $9\frac{3}{5}$	20 $\frac{1}{21}$	27 4	34 $\frac{22}{29}$	41 $3\frac{1}{10}$
7 $2\frac{1}{5}$	14 $1\frac{1}{14}$	21 $1\frac{1}{20}$	28 $1\frac{1}{6}$	35 $1\frac{11}{25}$	42 $2\frac{3}{4}$

3일

38쪽 · 39쪽

1 $\frac{8}{15}$	8 $\frac{10}{39}$	15 $4\frac{4}{5}$	22 12	29 $\frac{2}{3}$	36 $2\frac{8}{13}$
2 $2\frac{43}{80}$	9 $1\frac{15}{26}$	16 $\frac{3}{28}$	23 $1\frac{1}{4}$	30 $1\frac{17}{52}$	37 $1\frac{4}{33}$
3 42	10 $1\frac{5}{7}$	17 $2\frac{1}{3}$	24 $1\frac{31}{32}$	31 $\frac{35}{78}$	38 6
4 $3\frac{9}{52}$	11 $2\frac{2}{11}$	18 $3\frac{31}{35}$	25 $1\frac{5}{7}$	32 $1\frac{25}{42}$	39 $\frac{3}{4}$
5 $\frac{4}{25}$	12 $1\frac{1}{30}$	19 $1\frac{8}{27}$	26 3	33 10	40 $2\frac{2}{15}$
6 $2\frac{3}{16}$	13 $6\frac{1}{6}$	20 $1\frac{1}{3}$	27 $\frac{9}{70}$	34 $\frac{4}{19}$	41 $17\frac{2}{5}$
7 $1\frac{7}{10}$	14 $1\frac{3}{10}$	21 9	28 6	35 $1\frac{37}{69}$	42 $1\frac{41}{64}$

40쪽

1. $\dfrac{10}{17}$
2. $3\dfrac{3}{16}$
3. $1\dfrac{32}{45}$
4. $2\dfrac{22}{23}$
5. $\dfrac{29}{44}$
6. $3\dfrac{3}{8}$
7. $2\dfrac{8}{15}$
8. $\dfrac{13}{15}$
9. $\dfrac{40}{117}$
10. $1\dfrac{13}{18}$
11. $1\dfrac{4}{23}$
12. $6\dfrac{4}{5}$
13. $1\dfrac{7}{16}$
14. $\dfrac{13}{21}$
15. $\dfrac{8}{63}$
16. $\dfrac{14}{15}$
17. $3\dfrac{7}{17}$
18. $\dfrac{3}{7}$
19. $1\dfrac{11}{25}$
20. $1\dfrac{4}{11}$
21. $8\dfrac{1}{3}$

41쪽

22. $1\dfrac{1}{6}$
23. $\dfrac{14}{15}$
24. $1\dfrac{13}{14}$
25. $1\dfrac{7}{18}$
26. $\dfrac{4}{15}$
27. $15\dfrac{5}{7}$
28. $1\dfrac{1}{2}$
29. $\dfrac{4}{9}$
30. $3\dfrac{1}{7}$
31. 6
32. $3\dfrac{1}{6}$
33. 3
34. $\dfrac{10}{17}$
35. $\dfrac{2}{25}$
36. $1\dfrac{13}{18}$
37. $\dfrac{19}{22}$
38. $1\dfrac{7}{10}$
39. $2\dfrac{1}{19}$
40. $1\dfrac{1}{6}$
41. $1\dfrac{19}{48}$
42. $1\dfrac{28}{65}$

42쪽

1. $3\dfrac{1}{2}$
2. $7\dfrac{7}{11}$
3. $\dfrac{2}{5}$
4. $\dfrac{17}{22}$
5. 2
6. 27
7. $1\dfrac{15}{44}$
8. $5\dfrac{5}{6}$
9. $\dfrac{29}{55}$
10. $\dfrac{22}{25}$

43쪽

11. $\dfrac{7}{18}$
12. $2\dfrac{2}{35}$
13. $5\dfrac{3}{4}$
14. $\dfrac{2}{5}$
15. $1\dfrac{9}{34}$
16. $1\dfrac{19}{21}$
17. $1\dfrac{1}{2}$
18. $\dfrac{1}{4}$
19. $\dfrac{2}{5}$
20. $\dfrac{23}{45}$

생각 수학

44쪽

작은 수로 나눌수록 몫이 커지고, 큰 수로 나눌수록 몫이 작아져요.

$1\dfrac{1}{2}$ $3\dfrac{1}{3}$ $5\dfrac{4}{5}$

$2\dfrac{3}{4}$ $4\dfrac{2}{3}$ $6\dfrac{3}{7}$

난 계산 결과가 가장 큰 나눗셈식을 만들 거야.

→ $\boxed{6\dfrac{3}{7}}$ $\div$ $\boxed{1\dfrac{1}{2}}$ $=$ $\boxed{4\dfrac{2}{7}}$

수아

난 계산 결과가 가장 작은 나눗셈식을 만들어 볼게.

→ $\boxed{1\dfrac{1}{2}}$ $\div$ $\boxed{6\dfrac{3}{7}}$ $=$ $\boxed{\dfrac{7}{30}}$

연주

45쪽

$2\dfrac{3}{4} \div 1\dfrac{5}{6} = 3\dfrac{3}{10}$ $5\dfrac{5}{8} \div 1\dfrac{1}{4} = 3\dfrac{1}{2}$

$1\dfrac{1}{3} \div 1\dfrac{1}{2} = \dfrac{8}{9}$ $1\dfrac{1}{2} \div 1\dfrac{1}{4} = 1\dfrac{1}{6}$ $2\dfrac{3}{8} \div 1\dfrac{1}{6} = 2\dfrac{1}{24}$

$4\dfrac{1}{5} \div 2\dfrac{2}{3} = \dfrac{23}{40}$ $\div 2\dfrac{2}{7} = 1\dfrac{13}{15}$ $4\dfrac{6}{7} \div \dfrac{5}{7} = 1\dfrac{5}{7}$

$2\dfrac{2}{3} \div 3\dfrac{1}{5} = \dfrac{1}{3}$ $4\dfrac{4}{9} \div 2\dfrac{6}{7} = 1\dfrac{9}{14}$ $4\dfrac{1}{5} \div \dfrac{3}{2} = 2\dfrac{4}{5}$

$5\dfrac{5}{9} \div 1\dfrac{1}{4} = 3\dfrac{3}{14}$ $2\dfrac{1}{10} \div 1\dfrac{2}{5} = 1\dfrac{1}{5}$ $5\dfrac{1}{2} \div 2\dfrac{2}{5} = 1\dfrac{15}{16}$

$2\dfrac{1}{4} \div 3\dfrac{1}{2} = 1\dfrac{5}{9}$ $1\dfrac{1}{4} \div \dfrac{3}{7} = 1\dfrac{7}{8}$

9

1일

48쪽

1 14
2 53.8
3 13.5
4 28
5 13.6
6 13.5
7 23
8 23.5
9 19.6

49쪽

10 16
11 14
12 23.5
13 13.5
14 17
15 13
16 11.6
17 12.5
18 21
19 23
20 2.25
21 15.5

2일

50쪽

1 4.5
2 2.5
3 3.68
4 2.4
5 16
6 1.25

51쪽

7 4.5
8 1.4
9 1.12
10 12.5
11 2.4
12 2.5
13 3.25
14 3.75
15 4.2
16 2.6
17 11.5
18 1.08

3일

52쪽

1 2.6
2 27
3 23
4 27
5 6.5
6 5.6

53쪽

7 2.6
8 2.56
9 7
10 25.5
11 6.5
12 26
13 3.25
14 27
15 19
16 3.8
17 7
18 0.64
19 2.4
20 3
21 5.12
22 36
23 2.48
24 2.25

생각수학

58쪽

59쪽

비밀번호
- 28.8÷4.8=6
- 30.72÷5.12=6
- 27.36÷3.42=8
- 4.34÷0.62=7

비밀번호는 6 6 8 7 입니다.

1일

						62쪽
1	5.6	4	6.3			
2	17.4	5	16.8			
3	13.3	6	12.7			

						63쪽
7	2.7	11	6.45	15	2.5	
8	3.3	12	3.42	16	3.8	
9	2.3	13	1.35	17	3.28	
10	7.4	14	4.7	18	5.8	

2일

						64쪽
1	7.2	4	3.8			
2	19.2	5	13.5			
3	31.4	6	12.2			

						65쪽
7	5.6	11	4.8	15	9.9	
8	4.8	12	2.5	16	5.6	
9	12.3	13	14.8	17	8.5	
10	8.3	14	8.5	18	2.5	

3일

						66쪽
1	7.2	4	6.4			
2	5.8	5	5.6			
3	2.5	6	1.2			

						67쪽
7	12.5	13	3.44	19	13.4	
8	23.1	14	21.15	20	1.25	
9	2.4	15	1.2	21	2.6	
10	1.7	16	2.5	22	0.65	
11	43.65	17	0.4	23	3.75	
12	2.35	18	19.2	24	31.6	

4일

68쪽
1 22.5
2 13.7
3 2.4
4 12.3
5 21.2
6 7.5

69쪽
7 13.6
8 12.2
9 7.4
10 2.3
11 8.25
12 11.35
13 4.46
14 11.15
15 1.6
16 2.5
17 5.5
18 1.25
19 2.3
20 1.25
21 3.8
22 31.6
23 2.3
24 7.4

5일

70쪽
1 2.7
2 4.35
3 9.54
4 1.65
5 2.5
6 1.2
7 0.8
8 1.12
9 1.25
10 0.15

71쪽
11 1.26
12 5.8
13 1.3
14 11.6
15 3.3
16 2.5
17 1.26
18 2.5
19 1.1
20 2.25

생각 수학

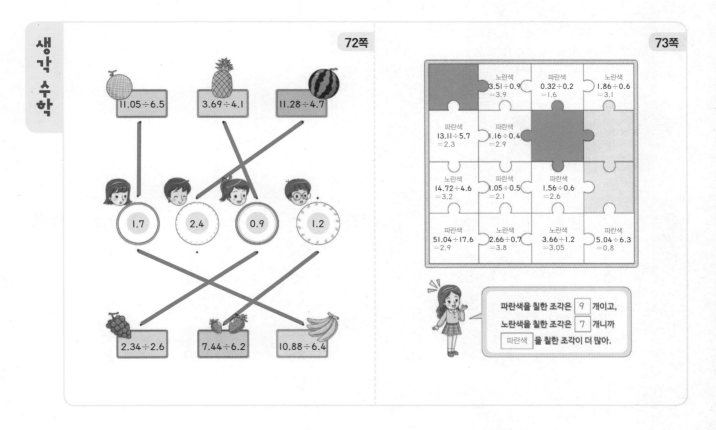

72쪽

11.05÷6.5 3.69÷4.1 11.28÷4.7

1.7 2.4 0.9 1.2

2.34÷2.6 7.44÷6.2 10.88÷6.4

73쪽

	노란색 3.51÷0.9 =3.9	파란색 0.32÷0.2 =1.6	노란색 1.86÷0.6 =3.1
파란색 13.11÷5.7 =2.3	파란색 1.16÷0.4 =2.9		
노란색 14.72÷4.6 =3.2	파란색 1.05÷0.5 =2.1	파란색 1.56÷0.6 =2.6	
파란색 51.04÷17.6 =2.9	노란색 2.66÷0.7 =3.8	노란색 3.66÷1.2 =3.05	파란색 5.04÷6.3 =0.8

파란색을 칠한 조각은 9 개이고, 노란색을 칠한 조각은 7 개니까 파란색 을 칠한 조각이 더 많아.

13

1일

					76쪽					77쪽
1	50	5	60			9	60	14	60	19	2
2	24	6	25			10	75	15	6	20	32
3	32	7	24			11	50	16	50	21	25
4	15	8	12			12	72	17	28	22	28
						13	175	18	140	23	25

2일

78쪽 79쪽

1	15	5	52	9	25	14	24	19	50
2	12	6	25	10	45	15	25	20	15
3	55	7	160	11	25	16	14	21	80
4	28	8	75	12	15	17	25	22	6
				13	6	18	36	23	8

3일

80쪽 81쪽

1	40	5	20	9	12	16	14	23	52
2	45	6	25	10	5	17	75	24	40
3	15	7	52	11	15	18	50	25	5
4	25	8	25	12	4	19	20	26	25
				13	300	20	40	27	12
				14	85	21	120	28	8
				15	50	22	25	29	20

4일

1	45	4	64	7	25	
2	45	5	25	8	25	
3	56	6	32	9	25	

10	25	17	40	24	14
11	95	18	35	25	15
12	5	19	56	26	50
13	44	20	64	27	62
14	50	21	16	28	82
15	25	22	75	29	20
16	25	23	8	30	25

5일

1	150	6	312
2	15	7	50
3	80	8	12
4	15	9	75
5	75	10	8

(위에서부터)

11	70 / 8	15	50 / 910
12	35 / 56	16	25 / 500
13	20 / 56	17	80 / 250
14	80 / 5	18	18 / 450

생각 수학

27÷1.35＝20
45÷2.25＝20
69÷3.45＝20
96÷6.4＝15
123÷8.2＝15

15 : 2 명   20 : 3 명

가로 열쇠
㉠ 65÷2.6＝25
㉡ 117÷6.5＝18
㉢ 234÷0.75＝312
㉣ 126÷2.25＝56
㉤ 595÷3.4＝175

세로 열쇠
㉠ 91÷3.25＝28
㉡ 88÷5.5＝16
㉢ 306÷8.5＝36
㉣ 141÷9.4＝15
㉤ 150÷1.25＝120

1일

90쪽

1 7…2.8 4 5…0.1 7 8…0.5
2 4…1.1 5 5…5.5 8 6…0.4
3 26…0.07 6 22…0.04 9 16…0.12

91쪽

10 9…1.3 15 3…0.64 20 4, …0.05
11 8…0.5 16 8…6.15 21 9…1.36
12 7…0.1 17 7…0.05 22 8…0.07
13 6…1.29 18 2…0.48 23 4…1.44
14 25…0.3 19 12…0.2 24 19…1.7

2일

92쪽

1 6…0.6 4 5…0.24 7 4…2.6
2 2…1.56 5 3…1.49 8 4…0.84
3 28…0.2 6 13…1.4 9 26…0.06

93쪽

10 18…1.8 17 13…0.8 24 8…1.7
11 3…6.63 18 7…5.37 25 48…2.8
12 6…0.5 19 3…1.8 26 9…2.37
13 7…2.94 20 30…0.6 27 12…2.1
14 18…2.3 21 8…0.2 28 22…1.2
15 60…2.4 22 44…0.9 29 7…2.75
16 45…0.5 23 15…3.4 30 12…0.32

3일

94쪽

1 3.5 4 7.9
2 5.8 5 1.1
3 1.7 6 1.2

95쪽

7 6.2 12 14.6
8 29.2 13 15.5
9 17.6 14 32.9
10 16.5 15 2.4
11 4.3 16 2.9

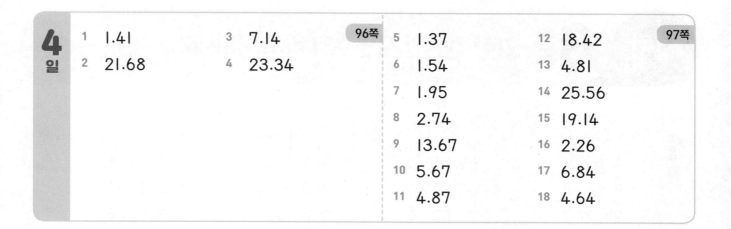

4일

1 1.41
2 21.68
3 7.14
4 23.34

5 1.37
6 1.54
7 1.95
8 2.74
9 13.67
10 5.67
11 4.87
12 18.42
13 4.81
14 25.56
15 19.14
16 2.26
17 6.84
18 4.64

5일

1 8, 0.3 / 9, 0.6
2 3, 0.57 / 14, 0.62
3 2, 2.6 / 3, 2.8
4 5, 0.29 / 2, 2.12
5 2, 3.5 / 2, 1.4
6 8, 0.5 / 15, 1.9
7 2, 1.16 / 4, 0.34
8 23, 0.52 / 30, 0.6

9 5.7, 5.69
10 2.4, 2.42
11 15.6, 15.59
12 1.3, 1.33
13 19.5, 19.54
14 2.2, 2.16
15 1.9, 1.93
16 12.7, 12.69

생각 수학

탐험가의 키는 소인국 사람의 키의 약 25.3 배입니다.

1일

104쪽

(위에서부터)

1 4, 6 / 2
2 9, 12 / 3
3 28, 24 / 4
4 3 / 33, 15
5 6 / 54, 78
6 7 / 105, 56
7 65, 30 / 5
8 6 / 72, 42
9 2 / 82, 16
10 5 / 105, 45
11 4 / 120, 72
12 10 / 330, 140

105쪽

(위에서부터)

13 2, 1 / 3
14 3, 2 / 4
15 8, 10
16 9 / 3, 10
17 5 / 3, 9
18 5 / 6, 13
19 2, 3 / 16
20 3, 2 / 12
21 9, 15 / 6
22 5 / 20, 30
23 25 / 10, 16
24 40 / 8, 15

2일

106쪽

1 10 / 7
2 10 / 3, 4
3 100 / 71
4 100 / 126, 97
5 10 / 2 / 2 / 3, 1
6 10 / 8, 4 / 4 / 2, 1
7 10 / 15, 18 / 15, 18, 3 / 5, 6

107쪽

8 2 : 9
9 7 : 8
10 1 : 4
11 35 : 52
12 28 : 19
13 5 : 1
14 1 : 24
15 1 : 13
16 5 : 3
17 12 : 31
18 5 : 16
19 2 : 5
20 19 : 27
21 1 : 11

3일

108쪽

1 20 / 16
2 15 / 6, 5
3 4 / 4, 24 / 32, 15
4 10 / 3, 16
5 11, 7 / 11, 7, 10 / 11, 14
6 8, 12 / 8, 12 / 56, 36 / 56, 36, 4 / 14, 9

109쪽

7 5 : 4
8 11 : 7
9 3 : 2
10 8 : 15
11 3 : 1
12 26 : 21
13 77 : 18
14 40 : 81
15 48 : 35
16 19 : 25
17 2 : 5
18 18 : 25
19 27 : 34
20 3 : 4

110쪽
111쪽

4일

1 13 / 20, 3
2 8 / 5, 2
3 5 / 1, 5
4 2 / 3, 14

5 7 / 2, 7
6 2 / 9, 7
7 4, 4 / 3, 5
8 5, 5 / 6, 7

9 1 : 4
10 3 : 5
11 1 : 2
12 3 : 2
13 5 : 6
14 8 : 3
15 9 : 32

16 3 : 2
17 4 : 1
18 3 : 1
19 2 : 3
20 17 : 5
21 27 : 37
22 5 : 7

112쪽
113쪽

5일

1 1 : 5
2 8 : 27
3 13 : 4
4 8 : 7
5 52 : 15
6 55 : 63
7 1 : 7

8 3 : 8
9 2 : 1
10 17 : 78
11 1 : 3
12 13 : 9
13 24 : 29
14 7 : 3

15 2 : 5
16 35 : 12
17 9 : 35
18 5 : 3
19 114 : 91
20 33 : 50
21 9 : 20

22 5 : 7
23 124 : 39
24 3 : 1
25 18 : 7
26 51 : 65
27 21 : 11
28 40 : 7

생각 수학

114쪽
115쪽

(지민이네 집 ~ 학교) : (지민이네 집 ~ 현승이네 집)
＝3.5 : 5＝ 7 : 10

(지민이네 집 ~ 현승이네 집) : (현승이네 집 ~ 학교)
＝5 : 2.25＝ 20 : 9

(지민이네 집 ~ 학교) : (현승이네 집 ~ 학교)
＝3.5 : 2.25＝ 14 : 9

우아! 한 달 동안
4.5 cm나 자랐어.

내가 키운
방울토마토는
4 13/20 cm나 자랐어.

4.5 : 4 13/20 ＝ 30 : 31

한 달 동안
3 9/10 cm 자랐네.

우아! 한 달
동안 5.2 cm나
자랐어!

3 9/10 : 5.2 ＝ 3 : 4

1일

118쪽

1 12 / 12 / 6
2 40 / 40 / 4
3 24 / 24 / 3
4 42 / 42 / 6
5 64 / 64 / 2
6 135 / 135 / 9

119쪽

7 21
8 18
9 9
10 3
11 6
12 8
13 3
14 21
15 2
16 2
17 12
18 5
19 3
20 17

2일

120쪽

1 6 / 6 / 6 / 14
2 2 / 2 / 2, 4 / 8
3 13 / 26 / 26 / 2
4 4 / 32 / 32 / 32, 6 / 64

121쪽

5 $\dfrac{1}{10}$
6 5
7 8
8 $\dfrac{1}{9}$
9 16
10 6
11 $3\dfrac{1}{5}$
12 13
13 15
14 $1\dfrac{1}{4}$
15 18
16 15
17 10
18 3

3일

122쪽

1 9 / 9 / 1
2 0.7 / 100
3 132 / 132 / 40
4 1.2 / 1.2 / 3
5 16 / 16 / 8
6 28.8 / 28.8 / 3.2

123쪽

7 1.9
8 3.3
9 1.8
10 48
11 4
12 3
13 7
14 0.7
15 20
16 5
17 4
18 0.48
19 0.55
20 0.16

4일

1	3	8	26
2	63	9	5.6
3	11	10	$\dfrac{5}{8}$
4	$\dfrac{3}{5}$	11	0.8
5	4	12	10
6	7	13	15
7	5	14	78

15	9	22	6
16	18	23	2.1
17	7	24	1
18	14	25	15
19	28	26	20
20	20	27	4
21	2	28	6

5일

1	30	8	20
2	4	9	5.6
3	21	10	11
4	4	11	7
5	6	12	33
6	0.1	13	2
7	2	14	48

15	5	22	2
16	25	23	$7\dfrac{2}{3}$
17	$2\dfrac{4}{5}$	24	1
18	16	25	13
19	5	26	81
20	11.7	27	$\dfrac{7}{8}$
21	17	28	33

생각 수학

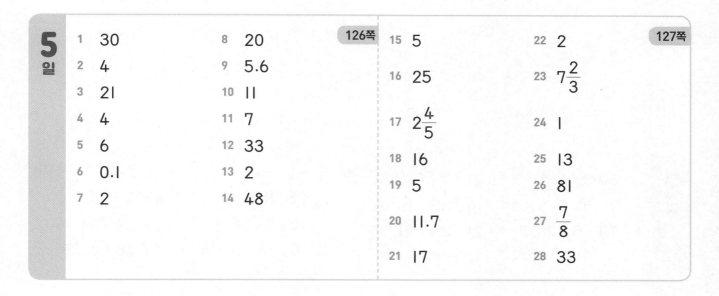

4 : 3 = 16 : ★
★ = 12

7 : 5 = ★ : 15
★ = 21

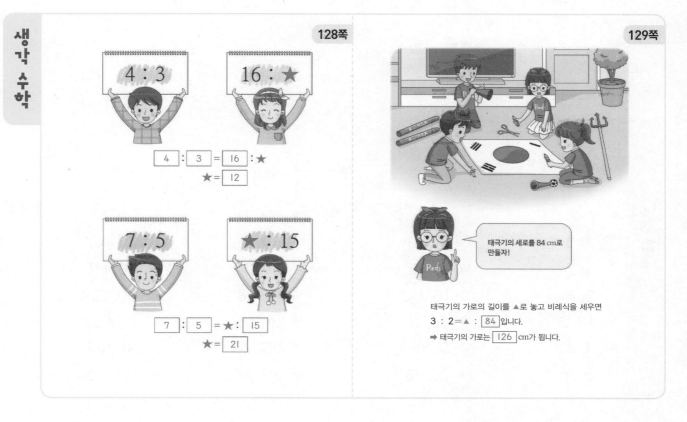

태극기의 세로를 84 cm로 만들자!

태극기의 가로의 길이를 ▲로 놓고 비례식을 세우면

3 : 2 = ▲ : 84 입니다.

➡ 태극기의 가로는 126 cm가 됩니다.

21

1일

1	2 / 4 / 2, 4	4	3 / 12 / 3, 12
2	6 / 3 / 6, 3	5	15 / 5 / 15, 5
3	8 / 2 / 8, 2	6	20 / 4 / 20, 4

132쪽

7	9 / 3 / 9, 3	10	4 / 6 / 4, 6
8	20 / 8 / 20, 8	11	30 / 40 / 30, 40
9	3 / 15 / 3, 15	12	4 / 12 / 4, 12

133쪽

2일

1	6 / 8 / 6, 8	4	21 / 7 / 21, 7
2	9 / 6 / 9, 6	5	16 / 32 / 16, 32
3	20 / 5 / 20, 5	6	21 / 35 / 21, 35

134쪽

7	28 / 35 / 28, 35	10	45 / 27 / 45, 27
8	14 / 7 / 14, 7	11	21 / 14 / 21, 14
9	10 / 16 / 10, 16	12	8 / 28 / 8, 28

135쪽

3일

1	1, 2	8	6, 16
2	2, 3	9	14, 10
3	4, 2	10	10, 15
4	3, 6	11	16, 18
5	10, 2	12	20, 16
6	7, 8	13	5, 35
7	6, 10	14	30, 18

136쪽

15	30, 21	22	36, 45
16	40, 16	23	39, 48
17	30, 32	24	63, 49
18	16, 48	25	80, 72
19	16, 56	26	144, 63
20	55, 20	27	81, 162
21	30, 48	28	126, 168

137쪽

생각 수학

142쪽

형: $420 \times \dfrac{\boxed{4}}{4+3} = \boxed{240}$ (kg)

동생: $420 \times \dfrac{\boxed{3}}{4+3} = \boxed{180}$ (kg)

143쪽

(아빠) : (엄마) : (호영) = 4 : 3 : 2이므로

90을 4 : 3 : 2로 비례배분합니다.

아빠는 $\boxed{40}$ m², 엄마는 $\boxed{30}$ m², 호영이는 $\boxed{20}$ m²를 칠해야 합니다.

메모

1일 10분
초등 메가 계산력

정답

메가스터디BOOKS

상위 1% 문해력 강화 프로젝트
초등 문해력 한 문장 정리의 힘

1권 2~3학년   **2권** 3~4학년   **3권** 4~5학년   **4권** 5~6학년

초등 국어, 과학, 사회
교과 연계
지문 수록

상위 1% 노트 포맷
핵심 내용
정리 훈련

서술형 평가 대비
쓰기 유형
문제 중심

초등 교과와 연계한 다양한 지문 구성

동시, 설명문, 논설문, 기사문 등
다양한 유형의 지문 학습

문해력을 완성하는 3단계 학습 시스템

'기초'와 '연습'은 핵심 내용을 파악하는 훈련을,
'실전'에서는 노트 정리와 한 문장 요약법을 학습

코넬 노트를 활용한 한 문장 정리 훈련

상위 1% 학생들이 활용하는
코넬 노트로 효율적인 공부 방법 습득

공부 습관을 완성하는 하루 1장 학습

부담 없는 하루 1장으로
공부 습관은 물론 자기 주도 학습 능력 완성